Porzellanfüllungen
und deren Imitationen.

Eine Studie

von

Zahnarzt Dr. Curt Fritzsche,
Assistent der chirurgischen Universitätspoliklinik zu Leipzig.

Mit 21 Textfiguren.

Berlin.
Verlag von Julius Springer.
1908.

ISBN-13:978-3-642-98662-8
DOI: 10.1007/978-3-642-99477-7

e-ISBN-13:978-3-642-99477-7

Berlin
Verlag von Julius Springer
1908

Druck von Oscar Brandstetter in Leipzig.

Meiner geliebten Mutter!

Vorwort.

„Erst wägen,
Dann wagen."

Das seit Jahrhunderten bestehende Bestreben, defekte Zähne zu füllen, zu „plombieren", hat zu den verschiedensten Füllungsmethoden und zur Verwendung der verschiedensten Füllungsmaterialien geführt. Dieser Prozeß des Kommens und des Vergehens neuer Präparate und Arbeitsmethoden spielt sich auch noch in unserer Zeit ab und zeigt, daß auch wir auf diesem Gebiete noch nicht Vollkommenes leisten.

Es mag wünschenswert erscheinen, Vorteile und Nachteile der einzelnen Arbeitsmethoden und Materialien zu erkennen und ins rechte Licht zu setzen; noch mehr aber muß unser Streben darauf gerichtet sein, für Minderwertiges Mehrwertiges zu bieten.

Von solchen Ideen ausgehend wurde die vorliegende Studie vor nunmehr zehn Jahren begonnen. Sie ist bestimmt für den Studierenden und für den Praktiker! Diese doppelte Aufgabe bringt es mit sich, daß namentlich im ersten Teile der Arbeit manche Erörterungen stattfinden, die zwar für den Praktiker entbehrlich erscheinen mögen, die aber für das Verständnis des Studierenden von einführender Bedeutung sind.

Möge der Studie eine freundliche Aufnahme beschieden sein!

Leipzig, im September 1908.

Der Verfasser.

Inhalt.

Literatur.

Asch, W. u. D., Wie müssen Silikatzemente beschaffen sein, daß ein Absterben der Pulpa unter ihnen vollkommen ausgeschlossen ist? Deutsche zahnärztl. Wochenschr. 1908, S. 214.

Ascher, Künstlicher Zahnschmelz. Archiv f. Zahnheilk. 1903, S. 1.

— Erwiderung an Herrn Dr. Richard Breuer. Österr. Zeitschr. f. Stomatologie 1904, Heft 12, S. 436—441.

Apffelstädt, Die neuen sog. Porzellanzemente. Deutsche zahnärztl. Wochenschr. 1904, S. 548—550.

— Nochmals Porzellanzement. Deutsche zahnärztl. Wochenschr. 1906, S. 1031.

Biel, Zur Silikat-Zement-Frage. Deutsche zahnärztl. Wochenschr. 1906, S. 819.

Birgfeld, C., Elektrischer Schmelzofen. Deutsche zahnärztl. Wochenschr. 1903, S. 350.

Boesch, Platinstifte zur Befestigung von Porzellanfüllungen. Poulsons Bericht 1905, Nr. 20.

Breuer, R., Aschers künstlicher Zahnschmelz, das Ideal einer Zahnfüllung. Oesterr. Zeitschr. f. Stomatologie 1904, Heft 10, S. 382.

Brosius, J. A., Kurze Betrachtungen über Aschers künstlichen Zahnschmelz. Archiv f. Zahnheilk. 1907, Juli-Heft.

Bruck, W., Über die neuen Jenkinsschen Porzellanemaillen. Deutsche Monatsschr. f. Zahnheilk. 1898, S. 241.

— Das Füllen der Zähne mit Porzellan. Breslau 1902.

— Zur Frage der Stiftbefestigung der Porzellanfüllungen. Deutsche Monatsschr. f. Zahnheilk. 1902, S. 484.

— Der Wert der Porzellanfüllungen für die konservierende Zahnheilkunde. Österr. Zeitschr. f. Stomatologie 1904, Heft 6, S. 241—247.

— Eine neue Methode des Konturaufbaues bei Porzellanfüllungen. Korrespondenzbl. f. Zahnärzte 1904, Heft 1, S. 80.

— Einige Bemerkungen über Silikatzemente, spez. über Aschers künstlichen Zahnschmelz. Deutsche zahnärztl. Wochenschr. 1906, S. 797.

— Silikatzemente. Deutsche Monatsschr. f. Zahnheilk. 1907, S. 74.

Dappen, Über Porzellanfüllungen. Deutsche zahnärztl. Wochenschr. 1903, S. 518.

— Altes und Neues über Porzellanfüllungen. Korrespondenzbl. f. Zahnärzte 1904, II.

Elander, K., Farbe der Porzellanfüllungen. Reflektor. (Gôteborg) 1905, VI, u. Deutsche Monatsschr. f. Zahnheilk. 1905, S. 647.

— Indikation der Porzellanfüllungen. Wiener zahnärztl. Monatsschr. 1903, Nr. 9, S. 476 u. Deutsche Monatsschr. f. Zahnheilk. 1904, S. 31.

Escher, O., Praktisches Verfahren zur Gewinnung von Goldfolie-Abdrücken für Porzellanfüllungen. Deutsche zahnärztl. Wochenschr. 1904. Nr. 22.

Ewald, Über die Anwendung von schwerfließendem Porzellan für Füllungen und Kronen. Österr.-ungar. Vierteljahrsschr. f. Zahnheilk. 1903, S. 82.

Fäsch, Th. R., Transparente Zemente. Schweizer Vierteljahrschr. f. Zahnheilk. 1905, Nr. 1, S. 36—40.

— Nachträglicher Bericht über transparente Zemente. Schweizer Vierteljahrsschr. f. Zahnheilk. 1905, Nr. 3, S. 197—198.

Fischer, G., Eine neue Verankerungsmethode für gebrannte Porzellanfüllungen. Deutsche Monatsschr. f. Zahnheilk. 1906, S. 461.

Geiger, Die Anwendung der „Aschmatrizenmethode bei Emaillefüllungen“, das „Für und Wider“ derselben näher beleuchtet. Korrespondenzbl. f. Zahnärzte 1903, S. 348.

Gysi, A., Die neuen Silikatzemente. Schweizer Vierteljahrsschr. f. Zahnheilk. 1905, Heft 3, S. 194—195.

Greve, Zur Indikation und Kontraindikation der keramischen Füllungen. Deutsche Monatsschr. f. Zahnheilk. 1903, S. 312.

— Eine kurze Antwort auf den Artikel „das Absterben der Pulpa unter Ascherfüllungen“ in Nr. 32 dieses Blattes. Deutsche zahnärztl. Wochenschr. 1906, S. 643.

Guttmann, Neue Methoden für Herstellung und Anwendung von Porzellan-Einlage-Füllungen. Korrespondenzbl. f. Zahnärzte 1901, Heft 4, S. 285.

— Die Porzellanschlifffüllungen. Korrespondenzbl. f. Zahnärzte 1903, Heft 1, S. 18 u. Heft 2, S. 113.

Hauser, A., Meine Erfahrungen über Porzellanarbeiten. Schweizer Vierteljahrsschr. f. Zahnheilk. 1905, Nr. 3, S. 189.

Heinsheimer, Das Absterben der Pulpa unter Ascherfüllungen. Deutsche zahnärztl. Wochenschr. 1906, S. 609.

Herbst, Glas als Füllungsmaterial. Korrespondenzbl. f. Zahnärzte 1889, S. 27.

— Über Glasfüllungen. Korrespondenzbl. f. Zahnärzte 1900, S. 193.

Hesse, Porzellanfüllungen nach Jenkins. (Fédération dentaire internationale.) Deutsche Monatsschr. f. Zahnheilk. 1901, S. 205 u. 445.

Hinrichsen, Dalls geschliffene Mineraleinlagen. Korrespondenzbl. f. Zahnärzte 1898, S. 224.

— Matrizenmethode von Asch für Porzellananfüllungen. Deutsche zahnärztl. Wochenschr. 1903, S. 579.

Hirschfeld, Erfolge mit Porzellananfüllungen. Deutsche Monatsschr. f. Zahnheilk. 1904, S. 558.

Hobein, E., Einiges über transparente Zemente und Hoffmanns Erzählungen. Deutsche zahnärztl. Wochenschr. 1906, S. 465.

Hoffmann, W., Über Porzellanoid. Deutsche zahnärztl. Wochenschr. 1905, S. 303.

— Einiges über transparente Zemente. Deutsche zahnärztl. Wochenschr. 1906, S. 39.

Holtbuer, Erfahrungen mit Glasfüllungen. Deutsche Monatsschr. f. Zahnheilk. 1904, S. 209.

How, Porzellananfüllungen. Korrespondenzbl. f. Zahnärzte 1889, S. 19.

Jacobsberg, A., Ein neues Hilfsmittel zum Abdrucknehmen für Porzellananfüllungen. Schweizer Monatsschr. f. Zahnheilk. 1904, S. 668.

— Über die Herstellung von Ascher-Füllungen. Deutsche zahnärztl. Wochenschr. 1906, S. 935.

Jenkins, Porzellan-Emaille für Plomben und Stiftzähne. Klewe & Co., Dresden.

— Porzellan-Emaille-Einlagen. Korrespondenzbl. f. Zahnärzte 1899, S. 366.

— Über die Einlagefüllungen. Dental Kosmos 1902, Nr. 5 u. Odont. Blätter 1903, S. 398.

— Porcelain enamel. Österr.-ungar. Vierteljahrsschr. f. Zahnheilk. 1903, Heft 3, S. 419.

Kaiser, A., Silikatzement-Porzellan? Deutsche zahnärztl. Wochenschr. 1907, S. 750.

Kallhardt, Platindraht zur Befestigung von Porzellananfüllungen. Deutsche zahnärztl. Wochenschr. 1903, S. 449.

Kleinsorge, Zur Verarbeitung der Silikatzemente. Deutsche zahnärztl. Wochenschr. 1907, S. 41.

Klix, Transparente Füllungen. Deutsche zahnärztl. Wochenschr. 1906, S. 691.

Körbitz, Der praktische Wert des Porzellans als Füllungsmittel. Deutsche Monatsschr. f. Zahnheilk. 1901, S. 536.

— Über das Anbringen von Stiften an Porzellaneinlagen. Deutsche zahnärztl. Wochenschr. 1901, Nr. 49.

— Das Einsetzen von Porzellananfüllungen. Österr.-ungar. Vierteljahrsschr. f. Zahnheilk. 1903, S. 323.

— Eingeschobene Füllungen. Deutsche Monatsschr. f. Zahnheilk. 1904, S. 57.

— Das Einsetzen von Porzellananfüllungen. Odont. Blätter 1905, S. 172.

Kulka, M., Das Abdrucknehmen für Porzellanfüllungen. Österr.-ungar. Vierteljahrsschr. f. Zahnheilk. 1904, Heft 3, S. 417.

— Aschers künstlicher Zahnschmelz. Österr.-ungar. Vierteljahrsschr. f. Zahlheilk. 1905, Nr. 3, S. 198.

— Das Absterben von Pulpen unter Füllungen. Deutsche zahnärztl. Wochenschr. 1906, S. 801.

— Über die wichtigsten mechanischen und einige chemischen Eigenschaften der Silikat- und Zinkphosphatzemente. Österr.-ungar. Vierteljahrsschr. f. Zahnheilk. 1907, Heft IV.

Landgraf, Licht- und Schattenseiten der Porzellanfüllungen. Österr. Zeitschr. f. Stomatologie 1903, S. 99.

Lartschneider, Bericht über eine größere Anzahl von Silikatfüllungen. Österr.-ungar. Vierteljahrsschr. f. Zahnheilk. 1907, III.

Leaming, Herstellung von Porzellaneinlagen. Neuheiten und Verbesserungen auf zahnärztlichem Gebiete. (White.) 1904, Heft 5, S. 264.

Lengler, Das Absterben der Pulpa unter Ascherfüllungen. Deutsche zahnärztl. Wochenschr. 1906, S. 627.

Lochmann, Porzellanfüllungen. Korrespondenzbl. f. Zahnärzte 1900, S. 97.

Luniatschek, F., Zur Technik der Silikatzementfüllungen. Deutsche zahnärztl. Wochenschr. 1907, S. 709.

Machenwürth, Porzellanfüllungen mit Platinstiften. Deutsche Monatsschr. f. Zahnheilk. 1902, S. 531.

— Porzellanfüllungen. Schweizer Vierteljahrsschr. f. Zahnheilk. 1903, S. 230.

Madzsar, Einige Verbesserungen in der Herstellung von Porzellaneinlagen. Österr.-ungar. Vierteljahrsschr. f. Zahnheilk. 1903, S. 188.

Mamlock, Neuerungen in Porzellanarbeiten. Deutsche zahnärztl. Wochenschr. 1903, S. 392.

— Zweite Versammlung zur Förderung der Porzellanfüllungen. Deutsche Monatsschr. f. Zahnheilk. 1904, S. 30—62.

— Die Ergebnisse zehnjähriger Erfahrungen mit Porzellan. Deutsche Monatsschr. f. Zahnheilk. 1907, S. 407.

Masur, Über Porzellanfüllungen nach Jenkins. Deutsche Monatsschr. f. Zahnheilk. 1902, S. 49.

— Neue Beiträge zur Stiftbefestigung in den Porzellanfüllungen. Deutsche Monatsschr. f. Zahnheilk. 1902, S. 376.

— Stiftbefestigung in Porzellanfüllungen. Wiener zahnärztl. Monatsschr. 1903, S. 479.

— Zur Kritik der neuen Porzellanzemente. Deutsche zahnärztl. Wochenschr. 1905, S. 282.

Michaelis, E., Über die Bedeutung von Porzellanzementen. Archiv f. Zahnheilk. 1905, Nr. 9, S. 1.

Miller, Wiederherstellung der Kontur kariös gewordener Zähne durch Porzellanstückchen. Österr.-ungar. Vierteljahrsschr. f. Zahnheilk. 1887, S. 1.
— Beitrag über das Füllen der Zähne mit Porzellan. Korrespondenzbl. f. Zahnärzte 1899, S. 100.

Morgenstern, M., Untersuchungen der Silikat- und Zinkphosphatzemente unter besonderer Berücksichtigung ihrer physikalischen Eigenschaften. Österr.-ungar. Vierteljahrsschr. f. Zahnheilk. 1905, Heft 4, S. 514—536.

Moeser, Durchsichtige Glasfüllungen. Deutsche Monatsschr. f. Zahnheilk. 1897, S. 487.
— Die Herstellung homogener Einlagen zu Zahnfüllungen ohne Brennofen. Deutsche Monatsschr. f. Zahnheilk. 1899, S. 300.
— Verbesserte Porzellan- und Emaillefüllungen. Deutsche zahnärztl. Wochenschr. 1901, S. 21.
— Herstellung einer neuen Porzellanmasse. Wiener zahnärztl. Monatsschr. 1903, S. 593.
— Unterschnitt in Porzellananfüllungen. Deutsche zahnärztl. Wochenschr. 1903, S. 375.

Müller, Erfahrungen mit Hoffmanns (verbessertem) Zahnersatz. Deutsche zahnärztl. Wochenschr. 1906, Nr. 34.

Müller-Stade, Silikatzemente-Amamant. Odont. Blätter 1907/08, S. 316.

Nymann, Einzelne Probleme aus der Porzellanarbeit. Neuheiten und Verbesserungen von S. S. White, Mai 1906, S. 414.

Ottolengui, Die Anwendbarkeit und Herstellung von Porzellananfüllungen. Korrespondenzbl. f. Zahnärzte 1902, S. 265.
— Die richtige Anwendung der Porzellananfüllung. Österr.-ungar. Vierteljahrsschr. f. Zahnheilk. 1904, S. 360.

Peckert, H., Über die Prinzipien der Kavitätenvorbereitung bei Porzellananfüllungen. Österr. Zeitschr. f. Stomat. 1905, Heft 5, S. 145—151.

Pichler, H., Bericht über die Sitzungen der Abteilung f. Zahnheilkunde der 77. Versammlung Deutscher Naturforscher und Ärzte in Meran. Österr. Zeitsch. f. Stomat. 1905, S. 333.

Platschick, Eine neue Methode zur Befestigung von Porzellananfüllungen. Österr.-ungar. Vierteljahrsschr. f. Zahnheilk. 1905, S. 654.

Rähm, Hoffmanns Porzellanersatz. Deutsche zahnärztl. Wochenschr. 1906, S. 644.

Redes, Porzellananfüllungen. Deutsche zahnärztl. Wochenschr. 1903, S. 440.

Rollins, Porzellananfüllungen. Korrespondenzbl. f. Zahnärzte 1884, S. 56.

Sachs, Glasfüllungen. Deutsche Monatsschr. f. Zahnheilk. 1890, S. 203.
— Silikatzemente. Deutsche Monatsschr. f. Zahnheilk. 1907, S. 171.

Schachtel, Nervengift in der Ascherfüllung. Deutsche zahnärztl. Wochenschr. 1906, S. 643.

Scheuer, Das Färben der Glasflüsse für zahnärztliche Zwecke. Österr.-
ungar. Vierteljahrsschr. f. Zahnheilk. 1903, Heft 3, S. 446.
— Die Färbemittel des Porzellans. Deutsche Monatsschr. f. Zahnheilk.
1904, S. 36.
Schlaffke, Porzellanfüllungen. Deutsche zahnärztl. Wochenschr. 1903,
S. 500.
Schwarze, A., Praktische Winke bei der Herstellung von Porzellan-
füllungen. Deutsche Monatsschr. f. Zahnheilk. 1903, S. 273.
Senn, Zwei Beiträge zur Kombination von Porzellan und Gold. Österr.-
ungar. Vierteljahrsschr. f. Zahnheilk. 1905, Okt. S. 633.
— Porzellanfüllungen mit Gold kombiniert. Schweizer Vierteljahrsschr,
f. Zahnheilk. 1905, Nr. 3, S. 206.
Silbermann, E., Silikatzemente. Deutsche zahnärztl. Wochenschr. 1906,
S. 692.
Stokes, Porzellanfüllungen. Korrespondenzbl. f. Zahnärzte 1887, S. 162.
De Terra, Die Verwendung der Moldine bei Porzellaneinlagen. Deutsche
Monatsschr. f. Zahnheilk. 1906, S. 690.
Tugendreich, Porzellanoid. (Hoffmann.) Deutsche zahnärztl. Wochen-
schr. 1906, S. 818.
Webb, Über die Verwendung von Porzellanstückchen zur Füllung von
Kavitäten. Korrespondenzbl. f. Zahnärzte 1882, S. 253.
Witzel, A., Vereinfachtes Verfahren zur Herstellung von Porzellan-
füllungen. Deutsche zahnärztl. Wochenschr. 1902, Nr. 25.
Wolff, Porzellan-Emaillefüllungen. Deutsche zahnärztl. Wochenschr.
1900, S. 1438.
Zander, O., Über Achatinstrumente. Deutsche zahnärztl. Wochenschr.
1905, S. 491.
— Ascherfüllungen. Deutsche zahnärztl. Wochenschr. 1906, S. 919.
Zins, Porzellanfüllungen. Korrespondenzbl. f. Zahnärzte 1891, S. 131.

Erstes Kapitel

Die Herstellung und die Bewertung der Füllungen im allgemeinen.

Zum Füllen der defekten Zähne werden ganz verschiedene Materialien verwendet, die infolge ihrer physikalischen und chemischen Eigenschaften in verschiedener Weise verarbeitet werden müssen. So werden einzelne Materialien in einem kittartigen, plastischen Zustande in die Zahnhöhle gebracht und erstarren in ihr zu einer mehr oder minder festen Füllung. Derartige plastische Füllungsmaterialien passen sich, während sie verarbeitet werden, genau den Raumverhältnissen der Kavität an. Mit solchem Material läßt sich leicht eine tonnenartige Höhle füllen, zu der der Eingang also kleiner ist, als die innere Weite. Zu solchen plastischen Füllungen gehören die als provisorische Verschlußmittel benutzten Paraffin-, Wachs-, Stents-, Guttapercha- und ähnliche Präparate und die als Dauerfüllungen verwendeten Amalgame und Zemente.

Im Gegensatz zu diesen plastischen Füllungsmaterialien stehen die starren, die außerhalb des Mundes, der vorher präparierten Höhle entsprechend, genau hergestellt werden. In starrem Zustande werden sie in die Höhle eingeführt und hier festgekittet. Die starre Einlage soll in den Defekt genau passen. Es lassen sich demnach Defekte mit Unterschnitt mit solchem Material nicht füllen. Die Hauptvertreter dieser starren Füllungen sind die Porzellanfüllungen. Die neuerdings empfohlene Methode, auch Goldfüllungen so herzustellen, daß außerhalb des Mundes das Gold, ganz dem Defekte des Zahnes entsprechend geschmolzen wird, und daß dann die so erhaltene Goldeinlage mit Zement im Zahne festgekittet wird, hat sich bisher allgemein noch nicht eingebürgert.

Vielmehr werden die Goldfüllungen meist so hergestellt, daß das Gold in kleinen Portionen in Form von weicher Folie oder in Form von Zylindern oder Pellets in die Höhle eingeführt wird und in ihr unter energischem Drucke zu einer kompakten Füllung zusammengepreßt wird. Eine derartige Verarbeitung des Goldes ist möglich, weil das zum Füllen der Zähne verwendete Gold die Eigenschaft besitzt, nach dem Ausglühen kohäsiv zu werden, so daß es sich bei der eben kurz erwähnten Methode des Goldfüllens um eine Art kalter Schweißung handelt.

Von den eben erwähnten Gesichtspunkten aus kann das Gold als eine Zwischenstufe der plastischen und der starren Füllungen angesehen werden. So lange das Gold in kleinen Portionen in die Kavität eingeführt wird, sind die einzelnen Blättchen sehr schmiegsam und plastisch, so daß man von einem plastischen Füllungsmaterial sprechen kann, das sich der Höhlenwandung genau anschmiegen läßt. In dem Augenblicke aber, in dem das Goldpräparat mit dem Stopfer kondensiert wird, wird es untrennbar mit dem schon eingeführten Golde verbunden. Das Füllungsmaterial ist gleichsam starr geworden.

Bisher wurden die einzelnen Arten der Füllungen besprochen und ihre Herstellung und Beschaffenheit im allgemeinen hervorgehoben. Als Nachtrag sei erwähnt, daß man auch einzelne Füllungsmaterialien kombiniert hat. So vermischte man Zemente mit Amalgamen und legte Zement-Amalgamfüllungen. Eine andere Methode, Füllungsmaterialien zu kombinieren, Goldfolie gleichzeitig mit Zinnfolie zu verarbeiten, wird noch jetzt vielfach ausgeübt.

Schließlich sei erwähnt, daß auch andere Kombinationen der Füllungsmaterialien vielfach angezeigt erscheinen. Oftmals ist es vorteilhaft, die Unterfüllung aus Guttapercha oder Zement, die Oberfüllung aber aus Amalgam oder aus Gold herzustellen. Auch sei der Methode gedacht, große Kavitäten der Frontzähne mit Amalgam auszufüllen, um dann in einer zweiten Sitzung, bis zu der das Amalgam hart geworden ist, die von vorn sichtbaren Stellen der Amalgamfüllung wieder zu entfernen und durch Gold oder Porzellan zu ersetzen.

Lag der eben gegebenen Einteilung der Füllungen die Beschaffenheit der Materialien zugrunde, so sind andere Gesichtspunkte für eine Klassifikation der Füllungen die Zeitdauer, während der eine Füllung halten soll, oder andererseits die anatomische Lage des Defektes.

Die bereits gelegentlich mit erwähnte Unterscheidung zwischen provisorischen Füllungen und Dauerfüllungen ist keine genaue. Wird die Zeitdauer, während der eine Füllung halten soll, als Kennzeichen gewählt, so ist eine Einteilung der Füllungen in fertige und vorläufige kaum möglich, da sich in vielen Fällen die Haltbarkeit der Füllung im voraus nicht bemessen läßt. Aber auch das zur Herstellung der Füllung dienende Material kann nicht in allen Fällen zur Unterscheidung zwischen einstweiligen und definitiven Füllungen dienen, da sich beispielsweise die Guttapercha an den Ecken der Zähne oder auf den Kauflächen sehr schlecht bewährt, während die in einen Defekt am Zahnhals gelegte Guttaperchafüllung jahrelang hält.

Auf Grund der anatomischen Lage der Füllung im Zahne läßt sich aber eine Unterscheidung der einzelnen Füllungen streng durchführen. Wir unterscheiden in dieser Hinsicht die Wurzelfüllungen von den Kronenfüllungen. Im folgenden werden nur die als Dauerfüllungen in die Krone gelegten erörtert. Diese Kronenfüllungen lassen sich unterscheiden als mediale oder mesiale, von den lateralen oder distalen, als labiale oder buccale, von den palatinalen oder lingualen, und als Füllungen an der Schneidefläche bei Frontzähnen und als solche an den Kauflächen bei den Backzähnen.

Die Kenntnis von der Einteilung der Füllungen auf Grund der Materialien, aus denen sie hergestellt werden und auf Grund der Zeitdauer, während der sie halten sollen, sowie auf Grund der anatomischen Lagerung ist wichtig für die Bewertung der einzelnen Füllungen. Sind doch die Anforderungen, die an eine gute Füllung gestellt werden, sehr hohe und außerdem sehr verschiedene, so daß für eine richtige Wertschätzung der einzelnen Füllungsarten auch eine genaue und schnelle Charakterisierung des jeweiligen Falles nötig erscheint.

Eine gute Füllung soll den verloren gegangenen Teil eines Zahnes, ganz allgemein, nach jeder Richtung hin, völlig ersetzen. Bis jetzt besitzen wir noch keine Füllung, die derartig hohen Ansprüchen genügt. Nach einer oder nach mehreren Richtungen hin versagt jedes Füllungsmaterial. Dasjenige ist demnach das Beste, das der größten Zahl der aufgestellten Forderungen gerecht wird.

Eine gute Füllung muß folgenden Anforderungen entsprechen: Sie muß

1. Halten.
2. Hygienischen Anforderungen genügen.
3. Kosmetischen Anforderungen entsprechen.
4. Sich leicht herstellen lassen.

Schwer ist es, auch nur von einer dieser Hauptforderungen etwas zugunsten der anderen nachzulassen.

1. Das Halten der Füllungen.

Das Halten der Füllungen ist gleichsam ein doppeltes: Es soll einerseits die Füllung den behandelten Zahn erhalten und andererseits soll die Füllung von dem Zahne vor dem Herausfallen gehalten werden. Eine dauernde Erhaltung des Zahnes ist nur denkbar, wenn durch die Füllung der Defekt luft- und wasserdicht verschlossen wird und wenn dieser hermetische Verschluß auf Jahre hinaus bestehen bleibt. Außer einer großen Anpassung an die Zahnwandungen (Adaptilität) ist auch eine nachträgliche Formbeständigkeit das Haupterfordernis für das Halten einer Füllung.

Weiterhin muß aber eine Füllung auch haltbar sein allen mechanischen und chemischen Einflüssen gegenüber, die im Munde auf die Füllung einwirken.

Die mechanische Beanspruchung einer Füllung ist eine sehr große. Besonders an der Schneidefläche und an den Ecken der Frontzähne, aber auch an den Kauflächen der Backzähne sind die einwirkenden, rein mechanischen Momente sehr vielseitig. Als Maßstab für das Halten einer Füllung ist außer der Widerstandsfähigkeit gegen rein mechanische, allmähliche Abnutzung auch der Elastizitätsmodul, „die Kanten- oder Bruchfestigkeit‟ mit zu berücksichtigen.

In chemischer Hinsicht muß die Füllung den Einflüssen der Mundflüssigkeit gegenüber haltbar sein. Da diese bald sauer und bald alkalisch reagiert, muß eine Füllung auch den hierdurch entstehenden Schädigungen Widerstand leisten, ganz abgesehen davon, daß die vielen organischen Verbindungen, die bei der Nahrungsaufnahme in die Mundhöhle gelangen, ihren Einfluß auch auf die Füllung geltend machen werden.

Erwähnt sei auch, daß sich elektrische Ströme im Munde entwickeln, sobald in ihm mehrere Füllungen aus verschiedenen Metallen liegen. Auch den hierdurch entstehenden Schädigungen muß eine Füllung standhalten können.

Genügt eine Füllung diesen Ansprüchen, so wird sie den Zahn erhalten (falls sie nicht herausfällt). Wir besitzen kein Material, mit dem wir einen etwa uhrschälchenähnlichen Defekt mit glatten Wandungen für die Dauer füllen könnten. Die Klebefähigkeit einer Füllung ist eine beschränkte, ja bei vielen Füllungen ist sie nicht vorhanden, so daß die Füllung von den Wandungen des Zahnes gehalten werden muß. Im allgemeinen soll deshalb der Defekt bei Verwendung von plastischem Füllungsmaterial tonnenartig gestaltet werden, während bei dem Legen einer starren Füllung die Wandungen möglichst steil abwärts, fast senkrecht, abfallen sollen. Je tiefer eine Höhle ist, um so sicherer wird eine starre Füllung sitzen.

Auch diese Gesichtspunkte sind für die Bewertung der Haltbarkeit einer Füllung maßgebend.

2. Die in hygienischer Hinsicht gestellten Anforderungen.

Es braucht kaum erwähnt zu werden, daß eine Füllung für den Gesamtorganismus indifferent sein muß. Aber auch der Zahn sollte in keiner Weise geschädigt werden. So darf durch die Füllung die Pulpa weder in thermischer, noch in chemischer Weise geschädigt werden. Auch sollen die harten Zahnsubstanzen keine Verfärbung erleiden.

3. Die in kosmetischer Hinsicht gestellten Anforderungen.

Der Begriff des Schönen ist teilweise ein subjektiver, so daß auch die Schönheit einer Füllung nicht scharf gekennzeichnet werden kann. Immerhin muß von einer Füllung die Beständigkeit der Farbe verlangt werden, und mir erscheint die gleiche Farbe, wie die des natürlichen Zahnes, als das erstrebenswerte Ziel.

4. Die Technik des Füllens.

Erfüllt ein Füllungsmaterial alle bisher aufgestellten Forderungen, so wird es sich dennoch allgemein nicht einbürgern, wenn es schwer zu verarbeiten ist. Für die große Praxis kann der für eine einzelne Operation in Betracht kommende Aufwand an Zeit und Mühe nur ein beschränkter sein.

Prüfen wir im folgenden, in wieweit die bisherigen Füllungsmethoden und Materialien den aufgestellten Anforderungen genügen!

Zweites Kapitel.

Amalgam, Gold, Zement.

Amalgam.

Bis gegen das Ende des vergangenen Jahrhunderts wurden
fast ausschließlich Amalgam-, Gold- oder Zementfüllungen und die
zulässigen Kombinationen gelegt, und erst seit etwa 15 Jahren
gewinnt es den Anschein, als ob das Gold durch Porzellan
und erst seit etwa 3 Jahren, als ob die Phosphatzemente durch
Silikatzemente-Porzellan verdrängt werden sollten, während die
Amalgamfüllungen auch fernerhin sich zu behaupten scheinen.
Bieten doch die Amalgamfüllungen hinsichtlich ihrer leichten
Verarbeitung und großen Haltbarkeit viele Vorteile, die sie
für das Füllen der Backzähne und der beim Sprechen nicht
sichtbaren Defekte der Frontzähne sehr geeignet machen. So
erklärt es sich, daß bei den Amalgamfüllungen keine oder sehr
wenige Verbesserungen zu beobachten sind.

Auch auf dem Gebiete der Goldfüllungen sind wenig
wesentliche Neuerungen zu verzeichnen.

Ganz anders verhält es sich mit den Zementen, den Materialien, die am meisten geeignet erscheinen, zum Füllen der
sichtbaren Defekte an den Frontzähnen verwendet zu werden.
Immer neue derartige Präparate werden empfohlen, und seit-
dem es gelungen ist, transparente Zemente herzustellen, nimmt
die Zahl auch dieser neuen Präparate sehr rasch zu. Allein
es erweckt dieses hastige Erfinden neuer Präparate den Anschein, als ob das rechte Material noch nicht gefunden sei.

Die Amalgame sind Feilspäne von Metallegierungen, die
sich hauptsächlich aus Silber, Gold und Zinn zusammensetzen.
Auch werden Zusätze von Platin, Zink und Kupfer gemacht.

Wird diese gemischte Metallfeilung mit Quecksilber verrieben,
so läßt sich mit der erhaltenen kittartigen Metallpaste der
präparierte Defekt leicht ausfüllen und die gewünschte Kontur
aufbauen. Je nach der Zusammensetzung des Präparates wird
die Füllung nach zwei oder mehreren Stunden fest. Der Defekt erscheint wie mit einem Hartmetall ausgegossen.

Die Haltbarkeit der Amalgame ist im allgemeinen eine
sehr große. Besitzen die Amalgame leider auch keine Klebefähigkeit, so daß das Halten der Füllung durch reichlichen
Unterschnitt oder durch anderweitige, mechanische Befestigung
bewirkt werden muß, so wird doch andererseits durch die
den Amalgamen eigene, große Adaptilität das Füllen selbst
sehr unregelmäßig gestalteter Höhlen erleichtert und hierdurch
eine vielseitige Verwendung der Amalgame ermöglicht. Auch
hinsichtlich ihrer rein mechanischen Widerstandsfähigkeit genügen die meisten Amalgame den gestellten Anforderungen.

Nicht so hinsichtlich der Formbeständigkeit. Diese läßt
bei vielen Amalgamen zu wünschen übrig, und zwar wird dieser
Nachteil durch die Zusammensetzung der Amalgame bedingt.
Es sei erwähnt, daß manche Metalle, mit Quecksilber verrieben,
ein Amalgam liefern, das sich beim Erhärten kontrahiert,
während sich andere Amalgame beim Erhärten ausdehnen.
Wenn sich auch theoretisch ein Amalgam finden läßt, bei dem
die auftretenden Kontraktionen durch die Extention der beigemischten Metalle kompensiert wird, so ist hierbei zu erwägen,
daß durch solche Beimischungen die Kantenfestigkeit nicht ver-
mindert wird, und daß der Erhärtungsprozeß in der genügenden
Weise erfolgt.

Wie die Praxis zeigt, sind die meisten Amalgame beim
Erhärten nicht formbeständig. Sie zeigen nach dem Erhärten
eine rauhe Oberfläche, auch wenn diese beim Legen der Füllung
noch so sorgfältig geglättet wurde. Diese Formveränderung
hat praktisch wenig zu bedeuten, da die rauhe Oberfläche
durch nachträgliches Polieren rasch beseitigt werden kann.
Weit wichtiger ist die bei den meisten Amalgamen nachträglich, oft erst nach Jahren auftretende Kontraktion, die sich
in einem schlechten Randschluß der früher tadellos schließenden
Füllung am deutlichsten zeigt. Die kupferhaltigen Amalgame
kontrahieren sich wenig oder nicht, werden aber schwarz und

verfärben den Zahn. Es wird auf diese Erscheinung nochmals hingewiesen werden.

Ist die Kontraktion des Amalgams gering, so wird hierdurch das Halten der Füllung wenig gefährdet. Einmal läßt sich vielfach durch nachträgliches Abschleifen der Füllung nach 1—2 Jahren, zu einer Zeit, in der der Kristallisationsprozeß seinen Abschluß gefunden hat, ein glatter Übergang zwischen Füllung und Zahn herstellen, sodann wird nach Miller in der Nähe von Amalgamfüllungen, besonders von kupferhaltigen, die Entwicklung von Bakterien gehemmt, so daß hierdurch ein gewisser Schutz gegen das Auftreten von sekundärer Karies gegeben erscheint. Immerhin bleibt die Unbeständigkeit der Form ein Nachteil der Amalgame.

Auch hinsichtlich der Farbe erfüllen die Amalgame nicht die aufgestellten Anforderungen. Sieht doch eine Amalgamfüllung nicht zahnähnlich aus, sondern sie gleicht im günstigsten Falle einem Stück gut polierten Silber. Meist verliert sich bald dieser schöne Metallglanz. Die Füllung oxydiert und sieht mehr oder minder dunkel und stumpf aus. Die den Defekt umgrenzenden Partien des Zahnes werden vielfach mit verfärbt. Kupferhaltige Füllungen werden, wie schon erwähnt, schwarz und verfärben nicht nur die der Füllung benachbarten Wände, sondern die ganze Krone des Zahnes.

Als gute Wärmeleiter pflanzen die Amalgame die Temperaturunterschiede von warmen und kalten Speisen fort. Eine zu nahe an die Pulpa gelegte Füllung führt daher zu einer Irritation der Pulpa durch thermische Reize.

Nicht unerwähnt sei, daß zuweilen Amalgamfüllungen, besonders kupferhaltige, am Zahnfleische sehr schlecht halten. Die Füllungen sind weich und lassen sich ohne große Mühe mit dem Exkavator herausschneiden. Die Fragen, ob hier chemische Vorgänge mit im Spiele sind oder ob die Füllung an solchen Stellen nicht genügend hart oder nachträglich wieder weich geworden ist, sind noch nicht geklärt.

Hinsichtlich ihrer leichten Verarbeitung lassen die Amalgame nichts zu wünschen übrig.

Gold.

Hinsichtlich der Haltbarkeit gehört das Gold zu den erstklassigen Füllungsmaterialien. Absolut formbeständig, schützt eine gut gelegte Goldfüllung den Zahn vor dem Weiterschreiten der Karies und leistet gleichzeitig den chemischen und den mechanischen Einflüssen gegenüber den nötigen Widerstand. Auch hinsichtlich der Farbe besitzt die Goldfüllung eine völlige Beständigkeit. Die Fälle, in denen eine Goldfüllung nach Jahren einen grünlichen — gelben Ton annimmt, sind sehr selten. Die Ursache dieser Erscheinung ist noch unbekannt. Durch Polieren läßt sich überdies der alte Goldglanz schnell wieder herstellen.

Gold stellt einen guten Wärmeleiter dar. Als dieser kann eine Goldfüllung denselben schädlichen Einfluß ausüben wie das Amalgam.

Über das schöne Aussehen einer Goldfüllung sind die Ansichten sehr geteilt. Meinem Empfinden entspricht das Glitzern und Blinken der goldgelben Flecke an den Frontzähnen nicht!

Immerhin, mag auch das Aussehen der Füllung nicht als ein Nachteil gedeutet werden, der viele Aufwand an Zeit und Mühe, den die Herstellung einer großen Goldfüllung erfordert, die Schwierigkeit der Technik und die Geduld, die vom Patienten verlangt wird, mußten der allgemeinen Verbreitung der Methode trotz der vielen Vorzüge, die sie besitzt, hinderlich sein. Zudem lassen sich nicht alle Defekte mit Gold füllen, so daß das Gold, auch wenn man die Kosten unberücksichtigt läßt, kein Füllungsmaterial darstellt, das für alle Fälle geeignet erscheint.

Zement.

Der Jubel, mit dem seinerzeit die Einführung der Zemente begleitet war, ließ nicht vermuten, daß man an diesem scheinbar so vorzüglichen Materiale nicht eitel Freude erleben würde.

Es bestehen die Zemente aus einem Pulver und aus einer Flüssigkeit, die miteinander vermengt, eine kittartige Masse darstellen. In diesem plastischen Zustande wird das Zement in den Defekt gefüllt. Ihrer Zusammensetzung nach besteht die Flüssigkeit hauptsächlich aus einem Gemisch verschiedener Phosphorsäuren, das Pulver in der Hauptsache aus Zinkoxyd. Auch werden noch andere Beimischungen zur Korrektur der Farbe usw. verwendet. Wie bei vielen derartigen Präparaten, wird die Zusammensetzung der Masse vom Fabrikanten geheim gehalten.

Über die Haltbarkeit der Zemente sei bemerkt, daß dieses Füllungsmaterial eine große Klebefähigkeit und ein großes Adaptionsvermögen besitzt, so daß mit ihm sogar Defekte mit schwachen Rändern oder mit wenig oder keinem Unterschnitt erfolgreich gefüllt werden können. Demnach erscheint das Material geeignet, den Zahn zu erhalten.

Leider läßt die Haltbarkeit der Zementfüllungen mechanischen und chemischen Einflüssen gegenüber zu wünschen übrig. Die Erfahrung hat gezeigt, daß die Zementfüllungen allmählich verschwinden. Dieser Prozeß vollzieht sich ganz langsam und währt meist mehrere Jahre. Oft hält eine Zementfüllung nur 2—3 Jahre, bei anderen Patienten bewährt sich dasselbe Präparat zehn, zwanzig, ja in seltenen Fällen noch mehrere Jahre hindurch. Es spielt bei der Zerstörung der Zementfüllung die individuelle Zusammensetzung der Mundflüssigkeit eine gewisse Rolle.

Sodann ist die Haltbarkeit der Zementfüllung abhängig von der Lage des Defektes. Aufgebaute Ecken und Schneiden an Frontzähnen brechen sehr bald ab. Derartige Konturfüllungen müssen sehr abgeflacht werden und nutzen sich auch dann noch schnell ab. In den Zwischenräumen der Frontzähne liegt eine Zementfüllung meist 2—3 Jahre und in den Defekten am Zahnfleischrande hält Zement noch viel schlechter. Dagegen ist auffallend die gute Haltbarkeit der Zementfüllungen in großen Defekten auf der Kaufläche der Molaren. Hier leistet eine Zementfüllung den chemischen und auch den an solchen Stellen doch besonders stark einwirkenden, rein mechanischen Einflüssen gegenüber viele Jahre hindurch Widerstand.

Die Vernichtung einer Zementfüllung geschieht in der Weise, daß die obersten Schichten durch die chemischen Einflüsse gelockert werden, so daß man sie gut mit einem scharfen Instrumente abkratzen kann. Die Entfernung dieser gelockerten Schichten geschieht fortwährend durch die mechanische Beanspruchung, so daß die Füllung allmählich immer kleiner wird. Hierbei bleibt die Oberfläche der Füllung glatt, während die Ränder des Defekts erhaben und unregelmäßig erscheinen. Die Füllung ist ausgewaschen. Würden wir die mechanische oder die chemische Abnutzung ausschalten können, so wäre hierdurch eine wesentliche Verbesserung der Zemente bereits geschaffen.

Im allgemeinen können die Zementfüllungen als unschädlich und als indifferent für die Gesundheit und für den Zahn angesehen werden. Die Fälle, in denen die Pulpa unter einer Zementfüllung abstirbt, sind auf Ätzungen der beigemischten Säuren zurückzuführen. Die Füllung lag zu nahe an der Pulpa.

Hinsichtlich ihrer Farbe unterscheiden sich die Zemente vorteilhaft von den bisher erwähnten Materialien. Sie sehen zahnähnlich aus, nur vermißt man an ihnen den dem natürlichen Zahne eigenen Glanz. Auch die Beständigkeit der Farbe läßt etwas zu wünschen übrig. Werden doch die Zemente durch gewisse Nahrungsmittel, beispielsweise durch Heidelbeeren, verfärbt, und es halten derartige Farbstoffe an den Zementfüllungen bedeutend länger fest, als an dem natürlichen Zahne. Erst mit der Abnutzung der obersten Schicht erhält die Füllung ihre natürliche Farbe wieder.

Infolge ihrer leichten Herstellung erfreuen sich die Zemente großer Beliebtheit.

Drittes Kapitel.

Porzellan.

Zur Geschichte der Porzellanfüllungen sei kurz folgendes erwähnt:

Die Bemühungen, die Defekte der Frontzähne mit einer zahnähnlichen Masse zu füllen, reichen bis zu C. J. Linderer zurück, der, wohl als erster, im Jahre 1820 das sogenannte Fournieren und Plattieren der Zähne beschrieb. In dem 1834 erschienenen Buche „Die Lehre von der gesamten Zahnoperation" beschreibt Linderers Sohn die verbesserte Methode. Drei Jahre später, 1837, verwirklicht Murphy, London, die Idee, Glas in die Defekte an der Lippenseite der Frontzähne zu füllen. Diese Glasfüllungen wurden mit Amalgam befestigt. Dann berichtete A. J. Volk, 1857, über die Verwendung von Porzellanstückchen zum Füllen von Defekten. Weitere derartige Angaben finden wir 1862 von B. Wood, 1870 von Hickmann und von A. Star. Etwa zur selben Zeit versuchte Land in Detroit Stückchen von künstlichen Zähnen in einem vom Defekte gewonnenen Platinabdrucke zu schmelzen. — 1885 veröffentlichte W. H. Rollins eine Methode zur Herstellung von Porzellanfüllungen, die er bereits seit 1879 geübt hat. Schließlich beschreibt 1887 J. L. Stockes eine ähnliche Methode, wie Rollins, nur formt Stockes die Kavität nach dem vorher zugeschnittenen Porzellanstückchen.

Alle diese Arbeiten erlangten keine große Bedeutung und besitzen nur historisches Interesse.

Erst die Herbstschen Glasfüllungen beanspruchten allgemeine Aufmerksamkeit.

Herbst füllte 1887 die Defekte der Frontzähne mit weißlichgelben Glasstückchen. Er formte den Defekt mit Wachs ab und stellte sich mit Hilfe des gewonnenen Abdruckes eine Hohlform aus Gips dar, in der Glaspulver geschmolzen wurde, das dann als Glaseinlage mit Zement im Zahne befestigt wurde. Der Gedanke, den Defekt mit Glasstückchen zu füllen, war sicher ein guter. Allein, die gewählte Methode war zu primitiv, um gute Resultate zu liefern. Ist doch Gips, auch in Beimischungen von Asbest, Bimsstein, Asche usw. keine formbeständige Einbettungsmasse für so hohe Temperaturen, wie sie für das Schmelzen von Glasstückchen nötig sind. Der Gips verliert sein Kristallwasser, er wird rissig und kontrahiert sich. Außerdem ist geschmolzenes Glaspulver bestrebt, Kugelform anzunehmen. Die gewonnenen Glaseinlagen stellen daher eine Art Glasperlen dar, die am Rande schlecht in den Defekt passen. Auch ist es nicht möglich, das geschmolzene Glas genau der Form entsprechend zu pressen, da derartig heißer Gips ganz weich ist und keinen Druck aushält.

Immerhin wird wahrscheinlich diese Herbstsche Idee den Anstoß gegeben haben zur Entwicklung der Porzellanfüllungen, die besonders durch Jenkins, Dresden 1898, allgemein bekannt wurden.

Auch nach dieser Jenkinsschen Methode darf die Höhle keinen Unterschnitt haben, und die Ränder müssen scharf geschnitten und möglichst regelmäßig gestaltet sein, sowie steil nach unten abfallen, kurz, die Form des Defektes muß die sein, wie sie im ersten Kapitel, bei der Besprechung der starren Füllungen gekennzeichnet wurde.

Dann wird von der so vorbereiteten Höhle mit Golfolie Nr. 30 ein Abdruck genommen. Ein entsprechend großes Stückchen Goldfolie wird zunächst mit Schwamm oder Watte in die tiefste Stelle der Kavität gedrückt und mit einem anderen Stückchen Watte oder Schwamm soll dann die Goldfolie an alle Stellen der Kavität angeschmiegt werden, so zwar, daß die Folie auch noch glatt, also ohne Falten zu bilden, über die Ränder des Defektes hinüberragt. Der so hergestellte Abdruck ist dann, ohne ihn irgendwie zu verbiegen oder ihn gar 'zu zerreißen, auf die zarteste Weise aus der Kavität zu bringen.

Dann wird die Farbe der Füllung bestimmt, die mit Hilfe einer Skala unter den 18 von Jenkins angegebenen Emaillepulvern ausgesucht werden kann. Wird dieses Pulver regelrecht geschmolzen, so erhält man die gewünschte Farbe, andererseits liefert eine zu intensive Hitze zu helle Farben, ungenügendes Schmelzen entsprechend dunklere, so daß also die Bestimmung

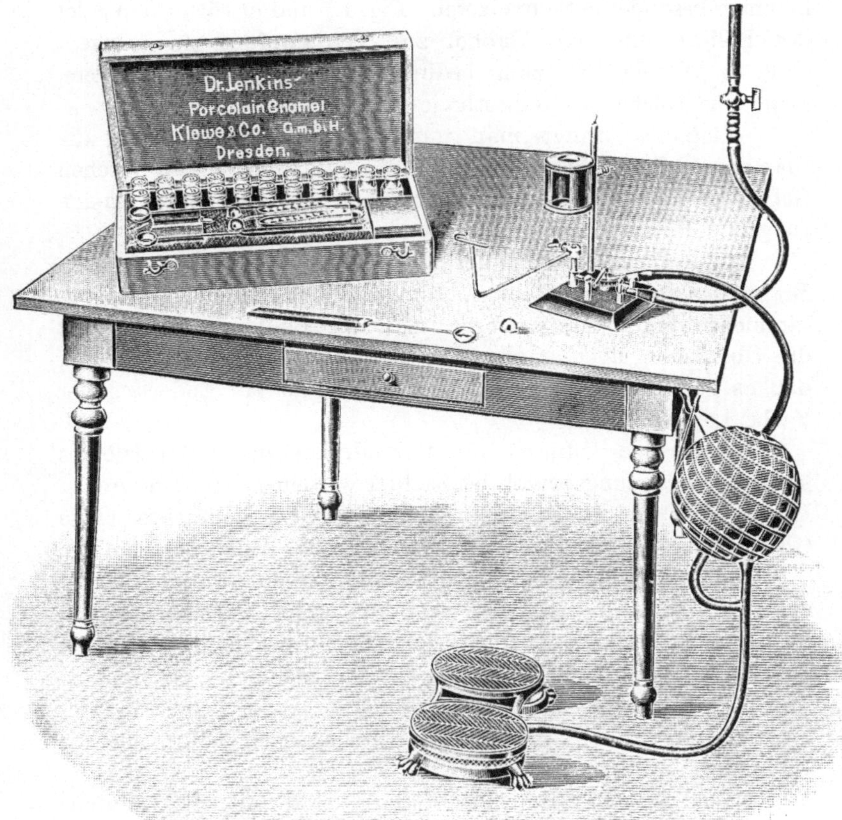

Fig. 1. Brennofen nach Jenkins.

der Farbe durch mangelhafte Technik beim Brennen illusorisch werden kann.

Das Schmelzen der Füllung ist, wie dies aus dem über die Auswahl der Farbe Gesagten schon hervorgeht, nicht so ganz leicht. Zunächst wird der Abdruck in einem aus Nickel oder noch besser aus Platinblech hergestellten Schmelzlöffel mit

dünnem Asbestbrei so eingebettet, daß der Abdruck überall
gleichmäßig gestützt wird. Dann wird das Porzellanpulver mit
absolutem Alkohol gut angefeuchtet und etwas von diesem
Brei in den Abdruck gefüllt. Hierauf bringt man den Löffel
in einen besonderen Schmelzofen (Fig. 1.) und erwärmt den Stiel
des Löffels, um den Alkohol zur Verdampfung zu bringen.
Eine zu schnelle Erhitzung bedingt eine Explosion des Pulvers,
resp. eine solche des Asbestbreies.

Allmählich bringt man nun den Löffel direkt über die
Flamme und verstärkt die Hitze mit Hilfe des Jenkinsschen
Gebläses, bis das Porzellanpulver schmilzt. Hierbei soll keine
zu große Hitze entwickelt werden.

Ein völliges Fließen der Masse soll durch diesen ersten
Brennungsprozeß nicht erreicht werden. Wenn die Masse zu-
sammengebacken ist, entferne man die Flamme, auch wenn
die Oberfläche noch rauh ist. Man vermeide beim Brennen,
daß es zur Blasenbildung in der Masse und zur Änderung der
Farbe komme.

Durch eine Öffnung im Platindeckel des Schmelzlöffels
kann der Brennungsprozeß beobachtet werden. Vor dem grellen
Lichte sind die Augen durch entsprechend angebrachte blaue
Gläser oder besser durch eine rauch-graue Brille zu schützen.

Einmaliges Brennen genügt nicht, um eine Füllung fertig-
zustellen, da sich die Masse sehr kontrahiert. Daher ist von
neuem mit Alkohol angerührtes Porzellanpulver in den Abdruck
zu bringen, und dann ist wieder vorzuwärmen und zu brennen,
wie es beschrieben wurde. Gewöhnlich sind noch eine oder
zwei weitere Nachfüllungen und Schmelzungen nötig, um die
Füllung zu vollenden.

Nach dem Erkalten der Füllung läßt sich die Goldfolie
leicht von der Füllung abziehen.

Die so hergestellten Porzellaneinlagen sollen genau in die
Kavität passen, darin nicht wackeln und an den Rändern so
exakt schließen, daß diese mit dem bloßen Auge nicht wahr-
nehmbar sind. Mit sehr dünn angerührtem Zement wird dann
diese Porzellanfüllung im Zahne festgekittet. Zum besseren
Halten werden vorher, an der Innenseite der Füllung, an
geeigneten Stellen Riefen eingeschnitten, die nach Jenkins
mit kleinen Diamanträdchen hergestellt werden sollen.

Aus dieser kurzen Beschreibung der Jenkinsschen Methode geht hervor, daß sich nach ihr einwandsfreie Füllungen machen lassen. Aber andererseits ist auch ersichtlich, daß diese Methode umständlich ist und eine große individuelle Geschicklichkeit voraussetzt. Ich werde auf die verschiedenen Schwierigkeiten, die bei der Herstellung derartiger Porzellaneinlagen zu überwinden sind, und auf die Fälle, in denen die Methode versagt, noch zurückkommen. Hier sei nur erwähnt, daß die Jenkinssche Methode im Vergleiche zur Herbstschen prinzipiell Neues nicht darstellt, denn auch die Jenkinssche „Porzellanemaille" besteht wahrscheinlich in der Hauptsache aus Glaspulver, so daß auch die erhaltenen Porzellaneinlagen glasähnliche sind. Diese Vermutung stützt sich auf die vielen von mir in den letzten Jahren ausgeführten Versuche, durch die es gelungen ist, mit verschieden gefärbten Gläsern Füllungen in allen gewünschten Nuancen herzustellen. Die Schmelzbarkeit dieser Glaspulver konnte durch den Zusatz geeigneter Flußmittel variiert werden. Noch eine andere Beobachtung läßt es wahrscheinlich erscheinen, daß wir es bei der Jenkinsschen Masse und auch bei allen anderen Porzellanemaillen, die sich im Goldabdrucke schmelzen lassen, mit einer, in der Hauptsache aus Glaspulver bestehenden Masse zu tun haben, nämlich die Tatsache, daß die Porzellanerden bei bedeutend höheren Temperaturen als Gold- oder dünne Platinfolie schmelzen.

Wie erwähnt, wird nach Jenkins der Abdruck nicht wie nach Herbst mit einem plastischen Materiale, wie etwa mit Wachs, sondern mit Goldfolie genommen. Das Abdrucknehmen ist im Vergleiche zur Herbstschen Methode wesentlich erschwert, und durch diese Verschiedenheit des Abdrucknehmens wird auch die Verschiedenheit der Einbettung und die Verschiedenheit des Brennens bedingt, so daß der charakteristische Unterschied beider Methoden mehr in der Herstellung der Füllung, als im Materiale zu suchen ist.

Das Abdrucknehmen mit einer Folie ist von vornherein auf gewisse Fälle beschränkt. Ein unregelmäßiger Defekt läßt sich mit einer Folie nicht abdrücken. Auch ist es unmöglich, eine sehr tiefe Kavität mit Folie abzuformen. Die Haltbarkeit der starren Füllungen wird aber besonders durch eine tiefe Verankerung verbürgt. Auch das faltenlose Andrücken der Folie an die Wandungen des Defektes ist nicht leicht, oftmals unmöglich. Man braucht sich die entsprechenden Verhältnisse nur zu vergegenwärtigen, wenn man beispielsweise einen Serviettenring mit Seidenpapier abformen will. Seichte, flache Defekte von der Form eines Uhrschälchens oder ellipsenförmig gestaltete lassen sich mit Folie leicht abformen, doch ist in solchen Höhlen die Porzellaneinlage für die Dauer schwer zu befestigen.

Auch die andere Forderung, den Rand des Defektes scharf mit abzuformen, ist nicht leicht zu erfüllen, für das Passen der Füllung aber unerläßlich.

Die Entfernung des Abdruckes aus der Höhle ist sehr schwer. Befinden sich doch die meisten Defekte nicht auf der Lippenseite, sondern in den Zwischenräumen der Zähne, so daß bei dem hier herrschenden Platzmangel eine Zerreißung oder eine Verbiegung des zarten Abdruckes leicht vorkommen kann. Auch beim Einbetten oder beim Brennen ist eine Verletzung des Abdruckes nicht ausgeschlossen.

Beim Brennen kann die Farbe der Füllung leicht verdorben werden. Es kann dies, wie schon erwähnt, durch zu hohe oder durch zu niedrige Temperaturen veranlaßt werden, weit häufiger wird aber durch ein, wenn auch nur kurze Zeit währendes Rußen der Flamme eine bläuliche bis schwarze Verfärbung der Füllung hervorgerufen. Das Rußen der Flamme ist nicht immer zu vermeiden, da die alleinige Verwendung der Stichflamme unzweckmäßig erscheint.

Ein weiterer Nachteil der Porzellanemaillen ist das Bestreben, beim Brennen Blasen zu bilden. Vorwiegend bilden sich diese an der Berührungsfläche der Masse mit der Folie, so am Boden der Füllung oder am Rande. Es ließ sich nicht genau feststellen, ob diese Blasenbildung veranlaßt wird durch Luft, die von der geschmolzenen Masse eingeschlossen wird oder durch Bestandteile der Masse.

Beim Brennen darf nicht zu viel Masse aufgetragen werden, da ein Überfließen der Masse über den Rand des Abdruckes das Passen der Füllung vereitelt. Ein Maßstab, wenn genügend viel Pulver aufgetragen ist, ist aber schwer zu finden.

Bisher wurde die Herstellung einer zentral gelegenen Füllung verfolgt. Handelt es sich um die Herstellung einer Porzellanecke oder um den Aufbau der Schneide eines Frontzahnes, so wird die Arbeit sehr erschwert. Anhaltspunkte, wieviel Masse und in welcher Form und Richtung diese aufgetragen werden soll, sind nicht genau vorhanden. Ist aber das Modellieren geglückt, so kann doch noch durch leichtes Überhitzen die Kontur breit laufen. Zwar läßt sich eine Füllung nachträglich, dem Defekte entsprechend, noch etwas zurecht schleifen, die erwähnten Nachteile werden aber durch diese vermehrte Arbeit nicht beseitigt.

Das Halten der Füllung wird am meisten durch die eingeschnittenen Riefen vermittelt, denn selbst klebriges Zement haftet an der glasierten Einlage schlecht. Man kann beobachten, daß nach dem Herausfallen einer Porzellanfüllung der erstarrte Zementbrei noch fest an den Wänden des Defektes haftet, während die herausgefallene Porzellaneinlage fast ganz frei von Zement ist. Andrerseits zeigt die Erfahrung, daß Porzellanfüllungen, wenn sie einmal gut liegen, viele Jahre hindurch in unverändert schöner Weise, wie kein anderes Füllungsmaterial, den Zahn erhalten.

Nach diesen Ausführungen über die Entwicklung der Porzellanfüllungen sei zunächst ohne jeden Rückhalt das Verdienst Jenkins anerkannt, weitere Kreise der Zahnärzte auf die Porzellanemaillen, mit denen sich in kosmetischer Hinsicht tadellose Resultate erzielen lassen, aufmerksam gemacht, und ferner, auf neue Bahnen für die Herstellung solcher Füllungen gewiesen zu haben.

Aus allen anderweitigen, späteren Veröffentlichungen ist das Streben zu erkennen, die einzelnen Phasen bei der Herstellung der Füllungen zu verbessern. Die wichtigsten, diesbezüglichen Arbeiten seien kurz erwähnt.

So ließ Zahnarzt Möser, Frankfurt, eine Porzellanemaille anfertigen, die ohne Gebläse über einem der gebräuchlichen Bunsenbrenner geschmolzen werden kann. Außer in Pulverform ist diese Mösersche Porzellanmasse auch in kleinen Stückchen erhältlich, die die Bestimmung der Farbe ungemein erleichtern und die Benutzung einer Farbenskala überflüssig machen. Auch fällt bei der Möserschen Methode der ganze Prozeß der Einbettung des Abdruckes fort, da das Porzellan so leicht schmilzt, daß man die Goldfolie der Einwirkung der Flamme direkt aussetzen kann. Die übrigen, gekennzeichneten

Schwierigkeiten beim Abdrucknehmen und beim Brennen von Konturen, sowie die Neigung der Masse zur Kontraktion und zur Blasenbildung haften auch der Möserschen Methode an.

Um ein Verbiegen des Abdruckes zu vermeiden, wurde vielfach empfohlen, die gut angedrückte Goldfolie mit Wachs oder ähnlichen Präparaten auszuschmelzen und erst dann den Abdruck aus dem Defekt zu entfernen. Vor dem Brennen der Füllung wird der Wachs ausgebrannt oder ausgelöst.

Auch indirekt läßt sich der Defekt mit Gold- oder Platinfolie abformen. Bei dieser Methode, die sich besonders für Defekte, die bis unter das Zahnfleisch reichen, eignet, wird der Defekt mit Stents abgeformt. Dann wird die aus der Zahnhöhle herausgehobene Stentsform mit dünn angerührten Zementbrei umhüllt und in Gips eingebettet. Nach dem Erhärten des Gipses wird die Stentsform entfernt und man erhält eine dem Defekte genau entsprechende Höhle, deren Wandungen mit Zement ausgekleidet sind, die bei dem nun in aller Ruhe erfolgenden Abdrucknehmen einen genügenden Widerstand der Folie entgegensetzen.

Erwähnt sei ein weiteres Hilfsmittel für das Abdrucknehmen: Die Vorprägestempel aus Gummi. Mit ihnen kann man schnell ein Stück Folie so formen, daß sie dem Defekte annähernd entspricht, so daß zur Fertigstellung des Abdruckes diese vorgeprägte Folie nur noch genauer an die Wände des Defektes gedrückt werden muß.

Auch für das Brennen der Füllung hat man verschiedene Erleichterungen ersonnen. So soll durch mit eingebrannte, kleine Stückchen von künstlichen Zähnen einer Kontraktion der schmelzenden Masse vorgebeugt werden. Auch sucht man dies Ziel dadurch zu erreichen, daß man auf den Boden der Folie schwer fließende Grundmasse aufträgt, auf der dann leicht fließende Emaille aufgeschmolzen wird. (Glogausches Kaolith.)

Um Konturen, besonders Ecken besser herstellen zu können, benutzte Mellersh fertige, schwer schmelzbare Porzellanecken, die er in den verschiedensten Größen und Farben vorrätig hielt, legte eine derartige Ecke in den gewonnenen Folieabdruck und ergänzte die am Boden des Abdruckes noch fehlenden Teile der Füllung durch Umschmelzen des Eckkernes mit Porzellanpulver (Fig. 2).

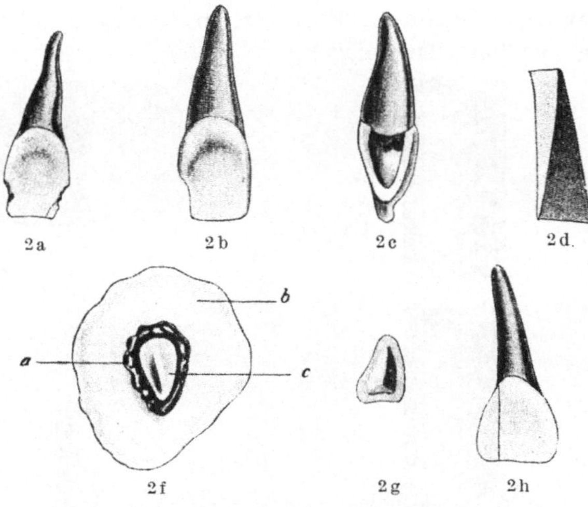

Fig. 2. System Mellersh.

2a u. 2b cariöse Zähne. 2c vorbereitete Höhle. 2d Eckkern (vergrößert). 2f halbfertige Füllung (a Goldfolie, b Einbettungsmasse, c umschmolzener Kern). 2g gebrannte Füllung. 2h gefüllter Zahn.

Auch den von Jenkins angegebenen Ofen führte man in verschiedenen Modifikationen aus (Fig. 3 u. 4).

Ferner konstruierte man, um ein Rußen der Flamme zu vermeiden und um die Hitze besser kontrollieren zu können, elektrische Öfen, wie einige in Fig. 5 dargestellt sind. Birgfeld beschreibt einen elektrischen Ofen, den man sich für wenig Geld selbst herstellen kann.

Auch das Einschneiden von Riefen wird in verschiedener Weise zu bewerkstelligen versucht. Einige Praktiker ätzen die Innenseite der Füllung mit Chlor-Wasserstoffsäure (Elander), andere legen Sand oder Bimssteinstückchen in den Abdruck. Diese Stückchen werden nach dem Brennen aus der Masse wieder ausgebohrt. Die so gewonnenen Vertiefungen erleichtern das Haften des Zementes. Fischer legt zur Herstellung solcher Haftflächen einen Kieselgurgipskern in den Abdruck, während de Terra Moldine mit einbrennt, um Unterschnitt zu gewinnen.

Auch das Einbrennen von Golddraht, der später wieder aufgelöst wird, ist angegeben worden. Andererseits dienten mit eingebrannte Platinstifte und Schräubchen (Boesch, Ma-

sur, Körbitz, Scheuer, Fischer, de Terra u. a.) zur Verankerung der Porzellaneinlagen.

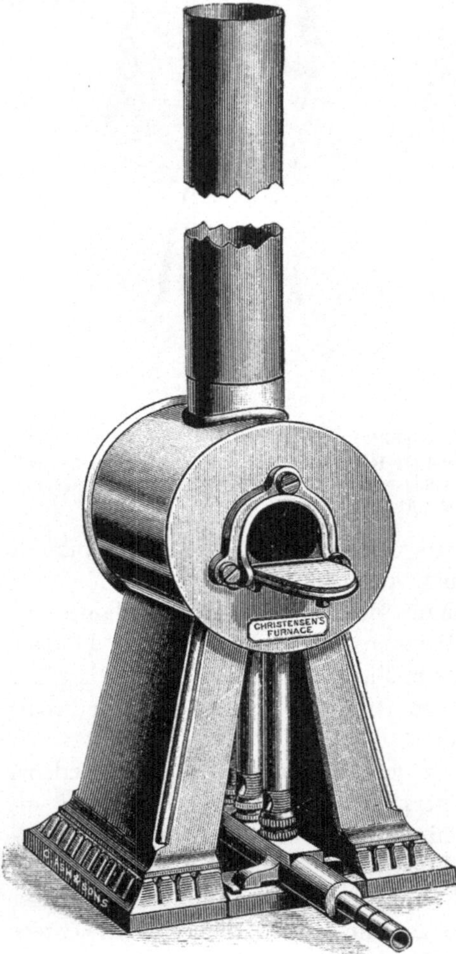

Fig. 3. Christensens Neuer Gasofen
(Ash & Sons).

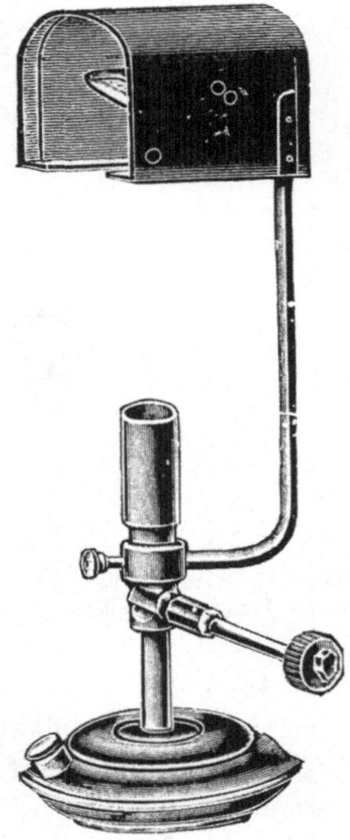

Fig. 4. Benzin-Schmelzofen
(Ash & Sons)

Körbitz suchte die
Porzellanfüllung da-
durch zu verankern, daß
er die Kavität nicht,
wie dies bisher üblich
war, schalen- oder
kastenförmig gestaltete,
sondern so formte, daß
die gebrannte Porzellan-
einlage nach Art eines Schiebedeckels von der Lippenseite
aus in den Defekt geschoben wurde. Diese Methode der ein-
geschobenen Füllungen läßt sich nur in ganz bestimmten Fällen
anwenden.

Eine weitere Methode, Porzellanfüllungen herzustellen, kannte man schon lange; sie besteht darin, aus einem künstlichen Zahne ein Stück Porzellan herauszuschneiden und dieses Stück dem Defekte möglichst entsprechend zurecht zu schleifen.

Um solche Porzellanstückchen genau passend herzustellen, gestaltet Sachs den Defekt zylinderförmig und kittet das aus dem künstlichen Zahn geschnittene Stück Porzellan gut konzentrisch auf einen Bohrer. Wird nun das so montierte zackige Porzellanstückchen mit der Bohrmaschine rechts herum gedreht

Fig. 5a. S. S. Whites neuer elektrischer Ofen.

und gleichzeitig an ein links herum rotierendes Korundrad der Schleifmaschine gehalten, so runden sich schnell die Ecken ab, und wir erhalten ein scheibenförmiges Porzellanstückchen, das bis zur Größe des rund gebohrten Defektes abgeschliffen wird.

Guttmann brachte diese Methode in ein bestimmtes System. Er formt jeden Defekt so, daß er ein kreisförmiges Loch darstellt oder in Fällen, in denen sich diese Zylinderform des Defektes nicht herstellen läßt, also bei nicht zentralen Defekten, bohrt er die Kavität so, daß diese einen halbkreis- oder einen viertelkreisförmigen Querschnitt zeigt. In den so gestalteten Defekt wird ein aus einem entsprechend dicken

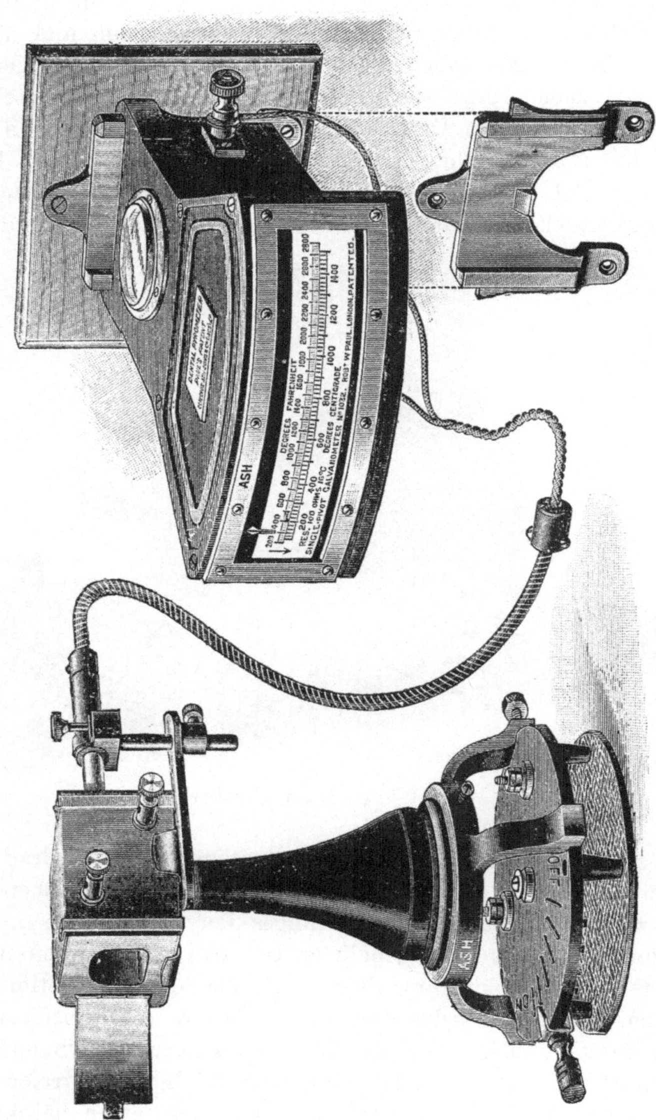

Fig. 5b. Elektrischer Ofen von Ash & Sons.

Fig. 5c. Elektrischer Ofen nach Platschick.

Porzellanstäbchen herausgeschnittenes Stück festgekittet. Die
Arbeit des Abdrucknehmens und des Brennens der Füllung
fällt bei dieser Methode weg. Die Größe des kreisförmig gestalteten Defektes wird durch den zuletzt benutzten Bohrer
angezeigt, und das der Größe dieses Bohrers entsprechende
Loch in einer Leere gibt die Dicke des gesuchten Porzellan-
stäbchens an. Diese sind nach Guttmanns Angaben in den
verschiedenen Dicken und Farben vorrätig. Die halbkreis-

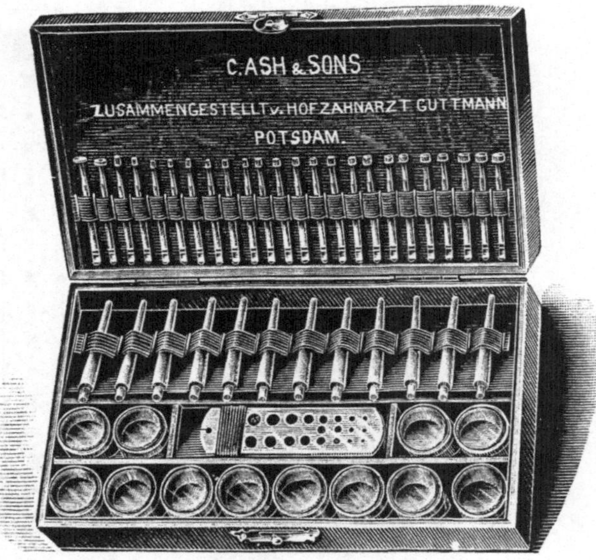

Fig. 6. Guttmanns Porzellanschliffe.

förmigen Einlagen werden der Kavität entsprechend zurecht
geschliffen (Fig. 6).

Diese „Porzellanschlifffüllungen", wie sie im Gegensatz zu
den gebrannten Porzellaneinlagen genannt werden, wurden in
verschiedener Weise modifiziert.

Die Dallschen Einlagen stellen fertige, runde oder halb-
runde Einlagen dar, die in verschiedener Größe vorrätig sind,
so daß eine etwa passende, die dann noch zurecht geschliffen
werden kann, nicht zu schwer zu finden ist.

Howard modifizierte die Guttmannsche Methode und
kombinierte sie gewissermaßen mit der von Körbitz ange-

gebenen, indem er schwalbenschwanzartige Porzellaneinlagen herstellte, wie dies aus Fig. 7 ersichtlich ist.

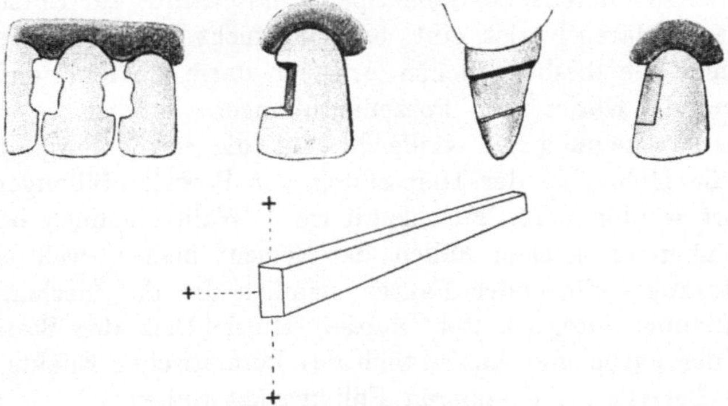

Fig. 7. System Howard.

Schließlich sei der von Jeffery angegebenen Duplex-Porzellaneinlagen gedacht, die für Approximal-Kavitäten Verwendung finden sollen. Aus Fig. 8 ist das Prinzip dieser Methode ersichtlich.

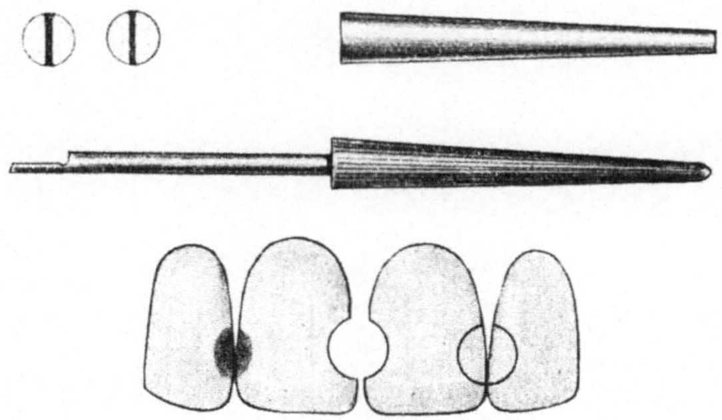

Fig. 8. System Jeffery.

Die verschiedenen, eben kurz beschriebenen Arbeitsmethoden für die Herstellung von Porzellanfüllungen lassen erkennen, wie sehr man bestrebt war, das Porzellan erfolgreich als Füllungsmaterial zu verwenden.

Die Erfahrung lehrt, daß eine Porzellanfüllung, die in genügender Weise mechanisch befestigt ist, in sonst unerreicht schöner Weise viele Jahre hindurch, unverändert hält. Die

Befürchtung, daß der zwischen der Porzellanfüllung und dem Schmelz vorhandene, feine Zementsaum aufgelöst wird, und daß der so entstehende, feine Spalt Veranlassung zur Entstehung der sekundären Karies gibt, hat sich nicht bestätigt. Vielmehr stimmen die diesbezüglichen Angaben darin überein, daß rezidivierende Karies bei Porzellanfüllungen äußerst selten ist. Diese Erscheinung ist vielleicht auf die große Sorgfalt, mit der die Höhle bei der Herstellung von Porzellanfüllungen präpariert werden muß, zurückzuführen. Wahrscheinlich bewährt sich aber in solchen Fällen das Zement besser, weil ein die Zerstörung bedingender Faktor, nämlich der der mechanischen Abnutzung, ausgeschaltet wurde. Hinsichtlich der Beständigkeit der Farbe und hinsichtlich des kosmetischen Effekts übertrifft Porzellan alle anderen Füllungsmaterialien.

Die vierte oben aufgestellte Forderung, die man an ein Füllungsmaterial stellen muß, wird vom Porzellan nicht erfüllt. Die Technik für die Herstellung der Porzellanfüllungen ist umständlich und schwer zu handhaben; die an die Geschicklichkeit des Operateurs gestellten Anforderungen sind zu hohe.

Viertes Kapitel

Imitierte Porzellanfüllungen.

In kosmetischer Beziehung erfüllt Porzellan die an ein Füllungsmaterial gestellten Anforderungen, wie kein anderes Material. Der Gedanke, Porzellanfüllungen dadurch zu imitieren, daß man den Zementfüllungen ein porzellanähnliches Aussehen verleiht, wurde von dem amerikanischen Dentisten Hugo Ascher, der in Gemeinschaft mit dem Chemiker Steenbock im Jahre 1903 die transparenten oder Silikatzemente erfand, verwirklicht.

Auch Fletcher soll bereits zwölf Jahre früher Versuche mit Silikatzementen gemacht haben, ohne indes ein brauchbares Zement zu finden.

Bald nach dem Bekanntwerden von „Aschers künstlichem Zahnschmelz" tauchte eine Reihe von Konkurrenzpräparaten auf. Von diesen Silikatzementen seien erwähnt: Amamant, Astral, Brills Diamant, Harvardid, Hoffmanns Porzellanersatz, Porzellanoid, Phenakit, Rostaing Silikat Cement, Silicin, Schönbecks Silikatzement, Schäfers Plastic Porzellan, Smaltit und Wolfsons plastische Porzellanfüllung.

Diese Silikatzemente bestehen, wie die bisherigen Phosphatzemente, aus einer Flüssigkeit und aus einem Pulver, die beide zu einer plastischen Paste verrieben und wie die Zemente verarbeitet werden. Beim Anrühren und bei der Verarbeitung ist der Gebrauch eines Metallspatels zu vermeiden, da hierdurch eine grau-blaue Verfärbung der Zemente bedingt wird.

Die chemische Zusammensetzung dieser Zemente ist mehr oder minder Fabrikgeheimnis. Nach Brucks Mitteilungen enthält das Pulver von Aschers künstlichem Zahnschmelz

Kieselsäure, Aluminium, Kalium sowie Spuren von Eisen und Magnesium, während die Flüssigkeit Orthophosphorsäure darstellt.

Diese Silikatzemente wurden derartig gelobt und empfohlen, daß man fast glauben könnte, das Problem der Füllungsmaterialien sei endgültig gelöst. Nur einige derartige Anpreisungen seien erwähnt. So übertrifft das eine Füllungsmaterial an Transparenz und schmelzartigem Aussehen alle transparenten Füllungsmassen, hat einen natürlichen Glanz, der kein Nachpolieren nötig macht, ist bei richtiger Farbenwahl im Zahne unsichtbar, verarbeitet sich spielend leicht, besitzt eine überraschende Härte und Kantenfestigkeit, vorzüglichen Randschluß und Bruchfestigkeit, dichte, gleichmäßige Struktur, Unlöslichkeit in den Mundsäuren. Ein anderes Füllungsmaterial hat auch alle diese guten Eigenschaften, es ist das vollendetste aller plastischen Füllungsmittel, ist nicht spröde und im Munde absolut unlöslich, steht ästhetisch und in der Gesamtheit seiner Eigenschaften an der Spitze aller Füllungsmaterialien, es ist in allen Fällen, also auch bei großen Konturen und Kauflächen verwendbar. Ein drittes ist von größtem Härtegrad und unerreichter Kantenfestigkeit und wieder bei einem anderen wird die Farbenbeständigkeit und geringe Löslichkeit hervorgehoben.

Es übersteigt die Arbeitskraft und die Zeit eines einzelnen, alle diese Präparate auf ihren Wert hin zu prüfen. Auch galt es abzuwarten, während welcher Zeitdauer sich die neuen Präparate bewähren würden. Nachdem nun seit der Einführung der neuen Präparate etwa vier Jahre vergangen sind, erhält man jetzt ein annähernd richtiges Urteil über die Bewertung dieser imitierten Porzellanfüllungen, wenn man die verschiedenen Veröffentlichungen einander gegenüberstellt und ev. durch eigene Beobachtungen ergänzt.

Die meisten Untersuchungen beziehen sich auf die Ascherschen Präparate, die den Markt erobert haben. Einige Autoren loben die neuen Silikatverbindungen, andere verurteilen sie wieder vollständig.

So sprechen sich Michaelis, Jacobsen und Zander sehr günstig über Ascher aus. Lartschneider kommt zu dem Resultat, daß Ascher- und Silicinfüllungen allen berechtigten Anforderungen genügen. Auch Biel und Klix kommen zu günstigen Resultaten, heben aber zugleich hervor, daß Ascher nicht in allen Fällen verwendbar ist.

Zu ähnlichen Resultaten kommt Bruck, der nach einer $2^1/_2$ jährigen Beobachtungszeit Ascherfüllungen lobt. Bruck ist mit der Farbe zufrieden. Er betont eine vorsichtige Anwendung des Materials, Ecken und Kanten dürfen nicht aufgebaut werden. Das von anderer Seite beobachtete Absterben der Pulpa führt Bruck nicht auf einen Arsengehalt der Ascherfüllung, sondern auf die Wirkung der Phosphorsäure zurück.

Auch Greve und Schachtel führen den Pulpentod auf andere Ursachen als auf die Beschaffenheit der Ascherfüllung zurück.

Morgenstern bestätigt auf Grund sehr eingehender Laboratoriumsversuche die bessere Haltbarkeit der Silikatzemente gegenüber den alten Zinkphosphatzementen. Morgenstern fand das spezifische Gewicht der Silikatzemente geringer, als das der Phosphatzemente. In $^1/_2\,^0/_0$ Milchsäurelösung lösten sich in 40 Tagen die Silikatzemente weniger, als die Zinkphosphatzemente. Bei mechanischer Einwirkung durch Bürsten und bei gleichzeitig chemischer durch Übergießen mit $^1/_2\,^0/_0$ Milchsäure zeigten beide Zementsorten Abnutzung, und zwar die Silikatzemente weniger. Dagegen ist die Adhäsion an der Wand bei Zinkphosphatfüllungen viel größer, als bei Silikatzementen. Dann stellt Morgenstern Versuche an über Porosität, Druckfestigkeit usw.

Auch Kulka kommt auf Grund seiner sehr eingehenden Laboratoriumsversuche, bei denen er die in der Mundhöhle vorhandenen Bedingungen möglichst genau nachahmt, zu dem Resumé, daß die in ästhetischer Hinsicht überlegenen Silikatzemente auch hinsichtlich ihrer Widerstandsfähigkeit gegen Säuren und Wasser und hinsichtlich ihrer mechanischen Eigenschaften einen Fortschritt gegenüber den Zinkphosphatzementen darstellen.

Von diesen sehr interessanten Versuchen sei nur folgendes kurz erwähnt: Kulka legte die Zementproben 30 Minuten nach dem Erhärten ins Wasser resp. in Speichel und brachte dann diese Proben in den Thermostaten. Bereits nach einer 7 tägigen Einwirkung war außer an zwei Präparaten die Oberfläche der Proben verändert. Die Oberfläche war glanzlos, von mattem, asbestartigem Aussehen. Mit der Lupe betrachtet, konnte man eine feine, netzförmige Zeichnung der Mantelfläche bemerken. An einzelnen Präparaten ließen sich feine Haarrisse erkennen. Zwar glänzten auch diese Präparate im feuchten Zustande, im trockenen aber sahen sie kreidig aus. Auf diese Veränderungen im Wasser resp. im Speichel legt Kulka mit Recht bedeutend höheren Wert als auf die Einwirkung von $0,5\,^0/_0$ Milch- oder Essigsäure, die ja in so hoher Konzentration im Munde nicht vorkommen, über deren Einwirkung aber Kulka eingehende Untersuchungen angestellt hat. Die ausgeführten Beobachtungen über die mechanischen Eigenschaften der Zemente lassen die relative Festigkeit gegen Zug, Bruch und Druck der einzelnen Präparate erkennen. Nach den ausgeführten Härtebestimmungen besitzen die Silikatzemente im Durchschnitt die Härte 4 nach der Mohsschen Skala. Gleich interessant sind die Mitteilungen über die Abnutzungsfähigkeit der Präparate.

Zur genaueren Bewertung der Silikatzemente erscheinen vergleichende Tabellen, aus denen die Widerstandsfähigkeit gleichgestalteter Gold-, Glas-, Porzellan- und Amalgamproben, denselben mechanischen Einflüssen gegenüber ersichtlich ist, als äußerst wünschenswert. Leider fehlen derartige, ja auch sehr zeitraubende Untersuchungen.

Die Untersuchungen über die Porosität führt Kulka in der Weise aus, daß er die Proben evakuiert und dann ins Vakuum Wasser einschlagen läßt. Die Porosität, die durch die Gewichtszunahme infolge des eingedrungenen Wassers veranschaulicht wird, konnte bei allen Präparaten nachgewiesen werden.

Die Versuche über die Durchlässigkeit von Farbstoffen zeigen, daß Methylenblau bei einzelnen Präparaten ganz durchgedrungen war. Andere waren weniger tief verfärbt. Nur bei zwei Präparaten war die Verfärbung auf die Oberfläche beschränkt geblieben. Versuche über die Verfärbung der Silikatzemente durch Nahrungsmittel hat Kulka nicht angestellt.

Von anderen Veröffentlichungen über die Silikatzemente sei noch folgendes erwähnt:

Sachs kommt auf Grund praktischer Erfahrungen zu dem Resultate, daß die Silikatzemente eine größere Widerstandsfähigkeit besitzen als die Zinkphosphatzemente. Auch Sachs hält das Aschersche Präparat für das beste, betrachtet aber dieses Füllungsmaterial nur für bestimmte Fälle als ein gutes, da es nicht in jeder Beziehung allen Anforderungen entspricht, so z. B. für Ecken und scharfe Kanten nicht widerstandsfähig genug ist.

Crone hält das Hoffmannsche Präparat für das beste und die anderen für minderwertig.

Müller-Stade lobt Amamant.

Brosius hat mit dem Ascherschen Zemente gute und schlechte Erfahrungen, kommt aber doch zu dem Resultat, daß die Silikatzemente wertvoll sind.

Andere sprechen sich über die Silikatzemente und auch über das Aschersche Präparat sehr abfällig aus.

So verurteilt Breuer auf Grund seiner Laboratoriumsversuche die Ascherfüllungen sehr scharf.

Auch Reisner spricht abfällig über die bei Ascherfüllungen auftretende Entfärbung, über mangelhaften Randschluß, über Kontraktionen, teilweisen Zerfall und über auftretenden Pulpenreiz.

Rähm äußert sich gleichfalls ungünstig über Ascher-, Brill- und Hoffmanns Porzellan. Er spricht von Kontraktion, Verfärbung, Glanzverlust, Säureunbeständigkeit und Reizerscheinungen der Pulpa.

Kempen urteilt ungünstig über Hoffmanns Präparat. Die Füllungen seien herausgefallen.

Müller hat Mißerfolge mit Hoffmanns Porzellan. Es zeigten sich Substanzverluste, mangelhafter Randschluß und Oberflächenklüftung. Die Füllung wurde bröcklig und zuckerähnlich zerfressen.

Masur berichtet von Ascherfüllungen über Auswaschungen, über häßliche, dunkle, schwarze Verfärbungen, über undichten Randschluß und über Porosität.

Zander beobachtete bei einem Potator eine Auflösung der Ascherfüllung bis zu $^2/_3$ ihrer Größe innerhalb 2—3 Monaten. Auch spricht sich Zander ungünstig über Harvardid aus. Nach den von mir angestellten diesbezüglichen Versuchen löst sich ·Ascher in Alkohol weniger als in Wasser.

Die Silbermannsche Mitteilung berichtet ungünstige Resultate über Ascherfüllungen und über Harvardid. Bei letzterem

Material wird die fehlende Festigkeit betont, während bei Ascher Arsengehalt vermutet wird.

Lengler beobachtete nur bei den ersten Ascherschen Präparaten ein Absterben der Pulpa, nicht mehr bei den verbesserten. Auch Hildesheimer berichtet über Pulpentod und Periostitis. Kulka legt zur Vermeidung von Reizerscheinungen eine Fletcherunterlage unter die Ascherfüllungen.

Mamlok hält nach langjähriger Erfahrung mit Porzellan dieses für mehrwertig als Silikatzement.

Sehr scharf verurteilt Kaiser die Silikatzemente. Sie stellen keineswegs das angepriesene Ideal eines Füllungsmaterials dar, da sich diese Füllungen kontrahieren und herausfallen, wenn die Höhle nicht genügend präpariert ist; dann nutzen sich die Füllungen zu schnell ab, sie sind nicht farbebeständig, sondern „haben ihre Glanzzeit erstaunlich schnell hinter sich" und besitzen eine zu geringe Adhäsion.

Bewertet man auf Grund dieser Mitteilungen und der eigenen Beobachtungen die Silikatzemente nach den oben für die Füllungsmaterialien aufgestellten Anforderungen, so kommt man zu folgender Beurteilung:

Der Wert der einzelnen Silikatpräparate ist ein recht verschiedener. Aber auch die anerkannt guten Präparate entsprechen noch nicht den aufgestellten Forderungen.

Hinsichtlich des Haltens der Füllungen sei bemerkt, daß die Porzellanzemente den Zahn vor dem Weiterschreiten oder dem Wiederauftreten der Karies erhalten, wenigstens sind keine diesbezüglichen Mitteilungen bekannt.

Die Formbeständigkeit der Silikatzemente läßt zu wünschen übrig. Eigene Versuche bestätigten die diesbezüglichen Literaturangaben. Ich füllte die einzelnen Präparate in abgeschliffene Glasröhrchen, und konnte bei allen Kontraktionen bemerken, die sich durch einen zwischen Füllung und Glaswand auftretenden Spalt deutlich bemerkbar machten. Bei einigen Präparaten war die Kontraktion bedeutend größer als die bei Kontrollfüllungen mit Amalgam. Es ist denkbar, daß im Munde der sich zwischen Füllung und Zahnwand bildende feine Spalt, wie dies auch Kulka angibt, mit Kalksalzen zugekittet wird, die durch die freie Säure der Füllung aus dem Dentin gelöst werden. Jedenfalls wird über rezidivierende Karies, trotz dieser Spaltbildung nicht berichtet.

Die Haltbarkeit einzelner Silikatpräparate mechanischen Einflüssen gegenüber ist größer als die der Zinkphosphatzemente; sie ist aber nicht genügend groß, um an Ecken und Kanten den nötigen Widerstand zu leisten. Formt man beispielsweise aus Silikatzement Stäbchen von 1—2 mm Durchmesser, so lassen sich diese leicht durchbrechen oder mit den Schneidezähnen durchbeißen.

Hinsichtlich der Unschädlichkeit der Füllungen sei bemerkt, daß die bei großen Füllungen auftretenden Reizerscheinungen von seiten der Pulpa wahrscheinlich nicht auf Arsengehalt des Materials, sondern auf den Gehalt freier Säure zurückzuführen sind. So konnte Kulka noch nach 21 Tagen freie Säure in einer Füllung nachweisen.

Das gute Aussehen der imitierten Porzellanfüllungen war hauptsächlich maßgebend für die Einführung der Silikatzemente. Leider läßt aber die Beständigkeit der Farbe, selbst bei den anerkannt guten Präparaten, im Stich. In vielen Fällen ist ein Nachdunkeln der Füllung zu beobachten, und auf Grund von etwa 4000 Ascherfüllungen, die ich gelegt habe, kann ich die von anderer Seite bereits gemachte Beobachtung bestätigen, daß in manchen Fällen äusserst häßliche, dunkle bis schwarze Verfärbungen der Ascherfüllungen auftreten. Die Ursache dieser Verfärbung habe ich nicht genau erkannt. Es ist möglich, daß sie auf Verunreinigung des zur Herstellung von Silikatzementen benutzten Berills zurückzuführen ist. Vielleicht spielt auch die Porosität und die Verfärbung durch Nahrungsmittel eine wichtige Rolle.

Das empfohlene Verfahren, Silikatzemente mit Perlkitt oder ähnlichen Präparaten zu polieren, um den Füllungen Glanz und Haltbarkeit zu verleihen, etwa nach demselben Prinzip, wie man beim Polieren von Holz die Poren zuschmiert, ist kaum ernst zu nehmen.

Hinsichtlich ihrer Verarbeitung sind die Silikatzemente recht brauchbar.

Die Praxis zeigt, daß einzelne Silikatzemente im Munde länger halten, als wie nach den Laboratoriumsversuchen zu erwarten ist. Diese Erscheinung wird dadurch erklärlich, daß im Munde die schädlichen Einflüsse nur auf der Oberfläche der Füllung, nicht aber, wie bei den meisten Laboratoriumsversuchen, auf allen Seiten der Füllung ihre Wirkung entfalten können. Auch wirken im Munde solche Schädigungen, wie die Verfärbung durch Nahrungsmittel, nicht so konstant ein, wie bei den Versuchen.

Es mag schon sein, daß die Einführung der Silikatzemente einen Fortschritt in der Verbesserung der Füllungsmaterialien bedeutet, ich glaube indes, daß das erstrebenswerte Ziel noch nicht erreicht ist.

Fünftes Kapitel.

Eigene Versuche und eigene Erfahrungen.

Nach den bisherigen vielen Bemühungen, die Füllungsmaterialien und die Arbeitsmethoden zu verbessern, gewinnt
es fast den Anschein, als ob das Streben, für Minderwertiges
Mehrwertiges zu bieten, als ein von vornherein aussichtsloses
zu betrachten sei. Und dennoch! Sollte es nicht möglich
sein, ein Füllungsmaterial zu finden, das die den plastischen
Füllungsmaterialien eigenen, guten Eigenschaften in sich vereinigt und gleichzeitig die Vorzüge besitzt, die die starren
Füllungen bieten, ohne jedoch die jeweiligen Nachteile jener
Füllungsmaterialien zu besitzen? Wie wäre die Verwirk-
lichung der Idee, mit einem zementähnlichen Por-
zellankitt den Defekt abzuformen, das gewonnene
Modell, ohne es zu verändern oder erst einzubetten,
zu brennen, um dann die auf diese Weise fast mühe-
los erhaltene, gut passende Porzellaneinlage festzu-
kitten?

Es ist mir gelungen, diese Idee zu verwirklichen.

Die benutzte Porzellanmasse ist aus weißem Feldspat[1])
gewonnen und stellt einen mit Wasser angerührten, dicken
Teig dar, der in der Weißgluthitze zu Porzellan ausbrennt.
Die Masse rundet sich während des Brennens nicht ab, so daß
aufgebaute Konturen und Zeichnungen nach dem Brennen
ganz scharf vorhanden sind.

Es liegt nicht in meiner Absicht, die vielen Vorteile, die
das neue Füllungsmaterial und die neue Arbeitsmethode bieten,

---

[1]) Die geschützte Masse wird durch Bruno Hempel, Leipzig, Wind-
mühlenstr. 22, in den Handel gebracht.

besonders hervorzuheben. Die Vorzüge der von mir hiermit zuerst angegebenen Methode ergeben sich aus den vorausgegangenen Erörterungen von selbst. Hinsichtlich der Grenzen der Verwendbarkeit des neuen Füllungsmaterials sei der Hinweis auf die in den folgenden Seiten gebrachten Abbildungen gestattet.

Es erübrigt nur noch an der Hand einiger typischer Fälle die Herstellung solcher Porzellanfüllungen zu besprechen. Deshalb soll das Füllen der defekten Zähne eines rechten Oberkiefers verfolgt werden.· Der Praktiker wird, wenn er das Prinzip der neuen Methode erkannt hat, jeden Defekt mit Porzellan füllen können, vielfach auch dann noch, wenn andere Füllungsmaterialien versagen.

Bemerkt sei noch, daß bei meiner Arbeitsmethode ein exaktes Arbeiten Vorbedingung für gute Resultate ist und sein muß. Auch ist die Vorstellung, als ob von nun an, infolge der zuverlässigen neuen Methode die Bewertung der Porzellanfüllungen niedrig sein müsse, eine irrige.

Die Vorbereitung der Höhle.

Auch bei der folgenden Methode soll die Höhle kastenförmig gestaltet sein, mit scharfen und steil abfallenden Rändern.

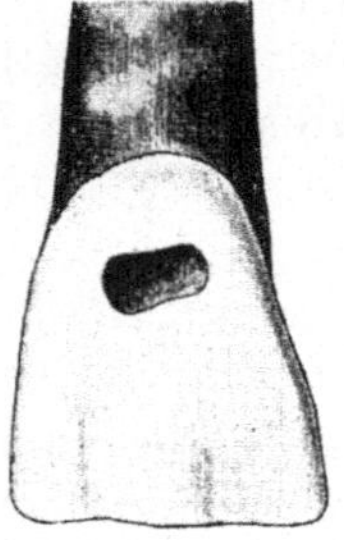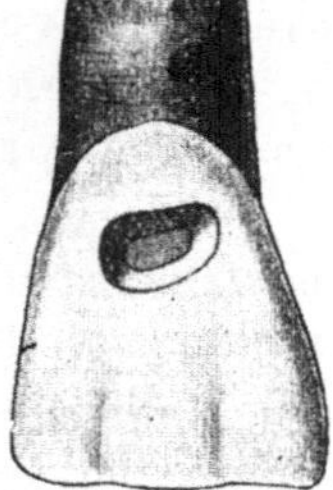

Fig. 9.

Scharfe Ecken in der Höhle sind zu vermeiden, weil solche Ecken das genaue Abformen erschweren. Der Defekt soll tief sein, da in einer tiefen Höhle die Porzellaneinlage fester verankert wird. Im übrigen ist die Höhle immer so zu gestalten, daß die Porzellanmasse beim Abformen nach einer Richtung hin entfernt werden kann, ohne daß die Masse verpreßt wird.

Es können also nach einer Richtung hin auch Unterschnitte im Defekte vorhanden sein.

In Fig. 9 ist der denkbar einfachste Fall, ein Defekt an der Lippenseite eines Schneidezahnes, dargestellt. Der Defekt ist absichtlich ellipsenförmig gestaltet, da bei einer runden Form eine schnelle Orientierung beim Einsetzen der Füllung erschwert wird.

Das Abformen der Höhle.

Ist die Höhle von den gegebenen Gesichtspunkten aus exakt vorbereitet, so wird die Porzellanmasse mit Kollodium, ganz nach Art der gebräuchlichen Zahnzemente, verrührt, und es wird mit der erhaltenen, kittähnlichen Paste der Defekt abgeformt.

Ist die Masse zu weich angerührt, so kann man, um bis zum Erhärten die Zeit nicht zu verlieren, die Masse mit dem Spatel über Fließpapier streichen, ganz so, wie man die Butter über das Brot streicht. Der Überschuß an Flüssigkeit wird von dem Papier aufgesaugt, und die Masse wird schnell genügend widerstandsfähig. Das völlige Erhärten der Masse geschieht langsam, so daß man sich zum Modellieren und Aufbauen der Konturen genügend viel Zeit nehmen kann. Die Porzellanpaste ist beim Abformen des Defektes gut zu komprimieren. Nach dem Füllen des Defektes ist jeder Überschuß von den Rändern der Kavität sorgfältig zu entfernen. Der Modellierspatel wird hierbei zweckmäßig etwas eingefettet.

Bald ist die Masse soweit erstarrt, daß sich die Form herausnehmen läßt. Besser ist es indes, das Erhärten der Masse durch kräftiges Pusten mit dem gewöhnlichen Luftbläser zu beschleunigen.

Aus einfach gestalteten Kavitäten, wie eine solche in Fig. 9 dargestellt ist, läßt sich die Porzellanform leicht mit einem feinen Exkavator, mit einer Nadel usw. entfernen. Besonders leicht läßt sich der Abdruck entfernen, wenn die Höhle vorher eingeölt wurde. Allein bei kompliziert gestalteten Höhlen oder in Fällen, in denen die Porzellanform noch nicht genügend gehärtet ist, kann die Porzellanform durch ein Anstechen mit einer Nadel usw. verletzt werden. Deshalb benutze man beim Abformen ein Stück Guttaperchapapier, das, wenn es auf einer

Seite mit Vaseline bestrichen wird, leicht an der Kavitätenwand haftet.

Dieses streifchenförmige Guttaperchapapier soll kleiner sein als der Defekt. Dieses äußerst schmiegsame, feine Papierhäutchen wird über den Defekt gelegt (Fig. 10) und beim Einführen und Zusammenpressen der Porzellanmasse genau an den Boden und an einzelne Wände der Kavität angedrückt. An einem Rande steht ein Stückchen dieses Papiers über (Fig. 11).

 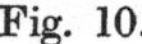  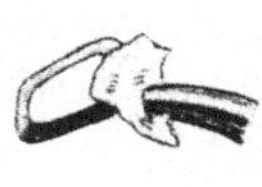

Fig. 10.   Fig. 11.   Fig. 12.

Wird nach dem Trockenblasen der Form vorsichtig an diesem Papierrande gezogen, so wird die Form gelockert. Durch nochmaliges kräftiges Pusten wird jetzt nochmals Luft zwischen die Porzellanform und die Kavitätenwand geblasen, und die Masse erhärtet, so daß ihre Entfernung ohne irgendwelche Verletzung ganz leicht ist (Fig. 12).

Zerspringt die Form, dann ist zu viel Unterschnitt vorhanden. Die Höhle ist falsch vorbereitet.

Das Brennen der Füllung.

Die in der eben beschriebenen Weise gewonnene Porzellanform wird in der Weißgluthitze zu einer Porzellaneinlage gebrannt, ohne daß die Form irgendwie eingebettet oder verändert wird.

Als spezielle Anweisungen seien noch folgende Winke gegeben:

Das Brennen kann in einem elektrischen Ofen vorgenommen werden, allein, da Elektrizität nicht überall zur Verfügung steht, da die Anschaffungskosten solcher Öfen nicht gering sind, empfiehlt sich mehr das Brennen in der vom Gasgebläse erhitzten Muffel.

Ich benutze ein großes, durch einen Kniehebel in Betrieb
gesetztes Gebläse. Die gebräuchlichen zahnärztlichen Gebläse

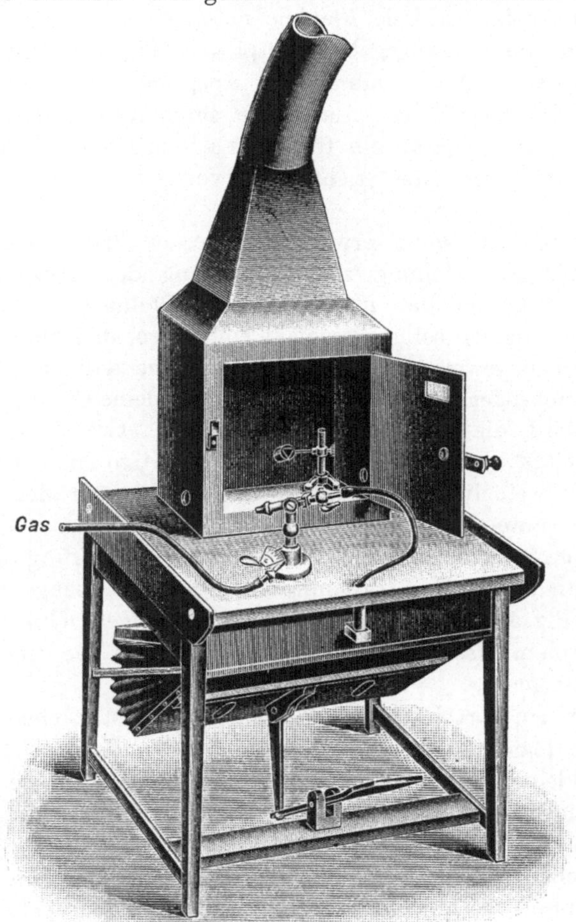

Fig. 13. Brennofen nach Fritzsche.

liefern einen zu schwachen Luftstrom und dann ist bei ihrer
Benutzung das viele Treten ermüdend. Bei dem Kniehebel-
gebläse (Fig. 13) genügt ein einmaliges Niedertreten, um einen
etwa zwei Minuten lang anhaltenden, kräftigen Luftstrom zu
erzeugen.

Auch eignet sich nicht jede Lötpistole zur Erzeugung der Stichflamme. Es ist zum Brennen eine ganz intensive Hitze und eine völlig rußfreie Flamme nötig.

Die von mir angegebene Lötpistole (Fig. 13) besitzt einen Gradmesser. Durch einmaliges Ausprobieren, bei welcher Menge des zugeführten Gases die intensivste Hitze erzeugt wird, ist der Apparat ein für allemal eingestellt. Die größte Glut wird durch eine Stichflamme von etwa 8 cm Länge erzeugt.

Es braucht kaum erwähnt zu werden, daß die Muffel in die günstigste Stellung zur Ausnutzung der Hitze gerückt werden muß, und daß man auch diese Stellung markiert.

Das Brennen selbst geschieht einfach so, daß die erhaltene, gut trocken gewordene Porzellanform, ohne daß sie irgendwie eingebettet oder verändert wird, in eine kleine Chamottemuffel gelegt wird, die dann in der Brennmuffel etwa fünf Minuten lang erhitzt wird. Hierbei muß eine derartige Hitze entstehen, daß die weißglühenden Wände der Muffel von der Füllung nicht zu unterscheiden sind.

Zum Schutze der Augen und zur Verbesserung der Luft läßt man den ganzen Brennprozeß in einem Abzuge vor sich gehen (Fig. 13). Durch eine in der Tür angebrachte und mit rauchgrauem Glas versehene Öffnung läßt sich der Brennprozeß gut verfolgen[1]).

Um ein Fortblasen der kleinen Porzellanstückchen zu verhindern, legt man diese in einen am Boden der Muffel befindlichen kleinen Tiegel aus Chamotte und bedeckt ev. die Füllung mit kleinen Chamottestückchen. Der Chamottetiegel ist feuerbeständig.

Nicht unerwähnt sei, daß selbstverständlich eine geringe Schrumpfung der Porzellanform — „ein Schwinden der Masse" — beim Brennen eintritt. Verändert doch jeder Körper, der in einen anderen Aggregatzustand übergeht, sein Volumen. Dieses Schwinden der Masse ist praktisch für die in Frage kommenden Zwecke belanglos. Handelt es sich doch bei den Porzellan-

---

[1]) Zum Schutze der Augen setze man eine rauchgraue Brille auf. Für diejenigen die ein Glas tragen, sei bemerkt, daß es die rauchgrauen Gläser in allen Nummern gibt.

einlagen um Größen von wenigen Millimetern. Es ist eine Füllung von $^1/_2$ cm schon eine große. Zudem läßt sich beim Aufbauen von Konturen einem eventuellen Schrumpfen im voraus Rechnung tragen. Andererseits muß ja ein feiner Spalt zwischen Füllung und Zahn vorhanden sein, damit die Porzellaneinlage mit Zement festgekittet werden kann. Und schließlich läßt sich durch das nach dem Brennen vorzunehmende Emaillieren der Füllung das Schwinden wieder ausgleichen.

Bei Füllungen, die größer sind als 3 mm, wirkt indes das Schwinden der Masse störend. Es wird aber gleich gezeigt werden, in welcher Weise diese Eigenschaft des Porzellans vorteilhaft ausgenutzt werden kann.

Große Füllungen, wie sie beim Aufbauen von Konturen und beim Füllen von Molaren häufig vorkommen, werden zunächst in der geschilderten Weise abgeformt. In geeigneten Fällen wird man anstatt eines Guttaperchastreifens deren zwei in die Kavität legen. Nun wird beim Abformen derartiger Defekte die Oberfläche der Füllung nicht sorgfältig geglättet und modelliert, sondern es wird die Oberfläche der Porzellanmasse mit einer Nadel, einem Exkavator, einem feinen Messerchen usw. angerauht, so daß Furchen, Riefen oder kleine Wälle an der Oberfläche der Porzellanmasse entstehen. Nach der Entfernung des so gestalteten Abdruckes lassen sich die Guttaperchastreifen leicht abziehen. Die gewonnene Form wird sodann auf einem Stückchen Asbest oder einem Porzellanscherbchen vorgewärmt und, wenn man nicht zu stark beschäftigt ist, auch gleich gebrannt. Die so erhaltene Porzellaneinlage ist kleiner als der Defekt. Sie wird unter Verwendung von Guttaperchastreifen wieder in den Defekt eingesetzt, und nun wird mit Porzellanmasse, die eventuell mit Wasser etwas verdünnt wird, die fehlende Kontur nachmodelliert. Jetzt muß das Modellieren ganz exakt erfolgen. Die nachträglich aufgetragene Porzellanmasse haftet nach dem Brennen fest an den Rauhigkeiten des Porzellankernes. Die bei dem zweiten Brennen auftretende Schrumpfung ist praktisch bedeutungslos, da es sich um eine Porzellanmasse von ganz geringer Dicke handelt.

Nach einiger Übung ist der Praktiker imstande, genügend eingedickte Porzellanmasse zu benutzen, ohne sie vorher mit

Kollodium zu verrühren. Durch dieses Verfahren wird die Kontraktion der Masse auf ein Minimum beschränkt.

Man kann ein zweimaliges Abformen der Kavität vermeiden durch Benutzung fertig gebrannter, kleiner Porzellanstückchen, die beim Abformen mit Porzellanmasse umhüllt werden, doch liefert diese Methode keine so guten Resultate.

Auch das Verfahren, mit Stents, Zement oder Amalgam eine Zwischenform herzustellen, bietet wenig Vorteile.

Die gebrannte Porzellaneinlage ist rauh und von körnigem, weißen Aussehen. Nach dem Brennen wird jetzt nur die Oberfläche der Füllung emailliert. Vorher kann man, wie beispielsweise bei Raucherzähnen, die Füllung an einzelnen Stellen bemalen. Man benutzt hierzu feuerbeständige Farben, deren Anwendung gleich besprochen werden soll. **Auf diese Weise erhält man Unterglasurmalereien und ich weise hiermit zuerst auf ein Gebiet hin, das bei der Herstellung von Zahnfüllungen bisher ganz unbekannt war.**

Die Glasur wird durch das Aufbrennen eines feinen weißen Pulvers hergestellt. Dieses Emaillepulver wird mit Wasser zu einer dünnen, rahmigen, weißlich-gelben Flüssigkeit angerührt, mit einem Pinsel, einer Pinzette usw. auf der Oberfläche der Füllung aufgetragen und nach dem Eintrocknen gebrannt. Das Eintrocknen der Emaille wird beschleunigt, wenn die Füllung auf einem über einen Sparbrenner liegenden Stückchen Asbest etwas erwärmt wird.

Das Emaillieren geschieht in der Muffel. Die mit Emaille versehene Füllung wird in einen am Boden der Muffel befindlichen Schamottetiegel gelegt. Die Füllung kann mit anderen Schamottestückchen überdeckt werden. Nun erfolgt die Erhitzung der Muffel bis zur Weißglut.

Nach dem Emaillieren muß die Füllung an ihrer Oberfläche mit einem zarten, gleichmäßigen Glashäutchen überzogen sein, wie wir dies an jedem Porzellanteller zu sehen gewöhnt sind.

Wird die Emaille nicht gleichmäßig aufgetragen, so zeigt die emaillierte Füllung kleine Bückelchen. Diese beseitigt man durch nochmaliges Auftragen von Emaille und durch nochmaliges Brennen.

Die so gewonnene Porzellanfüllung sieht weiß aus. Sie kann aber genau der Farbe des Zahnes entsprechend gefärbt werden. Das Färben der Füllung geschieht entweder durch Benutzung von Scharffeuerfarben oder durch Benutzung von leicht schmelzbaren Emaillefarben. Die letztere Methode ist mehr zu empfehlen, da sie bequemer ist und schönere Resultate liefert.

Die verschiedenen Farben des Porzellans werden durch beigemischte Metalloxyde hervorgerufen, und zwar verdanken diese Metalloxyde ihre Farbe einem ganz bestimmten Oxydationszustande. Verändert sich dieser, so ändert sich auch die Farbe. Dieser Oxydationszustand ist außer von der Temperatur auch abhängig von der Art der Feuerung. In einer oxydierenden Atmosphäre verhalten sich diese Metalloxyde anders, als im Reduktionsfeuer. Deshalb kann ein Metalloxyd, je nach seiner Verwendung, verschiedene Farben erzeugen. Wird beispielsweise eine Scharffeuerfarbe gleich der Masse oder der Emaille beigemischt, so kann sich die Farbe nur im Reduktionsfeuer entwickeln, denn bei der hohen Temperatur des Brennprozesses werden sehr bald sämtliche Poren durch die Emaille verschlossen. Wird hingegen auf einem gebrannten Gegenstande Scharffeuerfarbe aufgetragen, ohne daß gleichzeitig der Gegenstand mit Emaille überstrichen wird, so brennt die an der Oberfläche des Gegenstandes haftende Farbe im Oxydationsfeuer aus. Es entsteht Unterglasurmalerei.

Bei den Scharffeuerfarben läßt sich die Farbenentwicklung während des Brennprozesses nicht verfolgen. Erst nach dem Brennen zeigt sich, ob der gewünschte Ton getroffen ist. Aus diesem Grunde erscheinen für die Herstellung von Porzellanfüllungen die Scharffeuerfarben im Gegensatz zu den leicht schmelzbaren Emaillefarben, wenig geeignet. Es sei deshalb die Verwendung dieser leicht schmelzbaren Emaillefarben, die auch kurz als Schmelzfarben bezeichnet werden, ausführlicher besprochen.

Auch die Schmelzfarben bestehen aus Metalloxyden, die aber nicht erst im Starkfeuer, sondern bereits im Schwachfeuer einen anderen Oxydationszustand annehmen. Beim Bemalen einer Füllung zeigt deshalb eine Schmelzfarbe ein ganz anderes Aussehen als nach dem Brande. Wird die Schmelzfarbe im Starkfeuer erhitzt (was aber nicht zulässig ist), so brennt die Farbe aus und die Füllung zeigt schwarze Flecke.

Die Verwendung der Schmelzfarben ist folgende: Auf einer Glasplatte wird die Schmelzfarbe, die ein graugelbes Pulver darstellt, mit Terpentinöl angerieben. Damit die Farbe beim Auftragen nicht breit läuft, empfiehlt es sich, das Terpentinöl in einem flachen Schälchen 1—2 Tage offen stehen zu lassen, damit das Öl etwas eindickt.

Die mit dem Terpentinöl verriebene Schmelzfarbe wird auf die emaillierte Fläche der Füllung aufgetragen. Es ist zweckmäßig, nicht zuviel Farbe aufzutragen. Nun läßt man die Farbe, am besten auf einem über den Sparbrenner gelegten Porzellanscherbchen eintrocknen. Nach einigen Minuten hält man die Füllung direkt über die nicht rußende Flamme einer Spirituslampe; Gas zu benutzen, ist nicht ratsam. Hier vollzieht sich leicht das Brennen der Farbe. Handelt es sich um eine kleine Füllung, so legt man diese am besten auf einen kleinen Asbeststreifen, den man von einem Stück Asbestpappe abgezogen hat, faßt diesen Streifen mit der Pinzette und zieht ihn durch die Flamme hin und her. Den Grad der Erhitzung hat man so ganz genau in der Hand. Die Erhitzung soll nicht zu schnell vor sich gehen, damit die Farbe nicht kocht. Die graubraune Schmelzfarbe nimmt bei diesem Brennprozeß bald eine dunkle bis schwarze Färbung an, um dann allmählich von braun bis zur zartesten Elfenbeinfarbe überzugehen.

Dieser ganze Brennprozeß vollzieht sich in wenigen Minuten. Er wurde nur ausführlich besprochen, um Mißerfolge auszuschalten.

Handelt es sich um große Füllungen, wie um aufgebaute Ecken usw., so faßt man die Füllung, nachdem die Farbe eingetrocknet ist, einfach mit der Pinzette und hält sie, ohne Verwendung eines Asbeststreifens direkt in die Flamme. Die Pinzette zieht man durch die Flamme hin und her. Natürlich muß man, um eine eventuelle Verunreinigung der Farbe durch Eisenoxyde, die von der heißen Pinzette herrühren würden, zu vermeiden, die Pinzette häufig reinigen.

Um eine Verfärbung durch Eisenoxyde gänzlich auszuschließen und um gleichzeitig ein Wegspringen, besonders von kleinen Füllungen zu vermeiden, formt man schnell aus der Porzellanmasse einen kleinen Kegel und drückt in die noch weiche Masse die gebrannte Füllung so ein, daß die emaillierte Oberfläche allseitig frei ist. Über dem Sparbrenner erhärtet dieser Kegel rasch so weit, daß die Schmelzfarbe auf die Oberfläche der Füllung gestrichen und die so montierte Füllung über die Flamme gehalten werden kann.

An der durch die Flamme gezogenen Füllung sieht man genau, welchen Farbenton die Füllung erhält. Man kann sich jederzeit an einem danebenliegenden Probezahn überzeugen, ob der erzielte Farbenton der erwünschte ist.

Wie man beim Malen mit Wasserfarben mit derselben Farbe ganz verschiedene Nuancen erzielen kann, je nachdem, ob man viel oder wenig Farbe aufträgt und je nachdem, ob diese dick oder dünn angerührt wurde, so kann man auch mit derselben Schmelzfarbe Füllungen von ganz verschiedenen Schattierungen herstellen. In der Mehrzahl der Fälle wird der Praktiker mit einer Schmelzfarbe auskommen.

Ist die Farbe zu hell, so läßt sich nachträglich nochmals Schmelzfarbe auftragen und die Füllung nochmals brennen.

Überstreicht man, entsprechend den natürlichen Farben des Zahnes den einen Teil der Oberfläche der Füllung mit einer dunkleren, den anderen Teil mit einer helleren Emaillefarbe, so erhält man auf sehr einfache Weise eine derartige vollkommene Füllung, wie sie mit keiner anderen Methode auch nur annähernd erreicht wird. Auch derartige mehrfarbige Porzellaneinlagen wurden vor mir nicht hergestellt.

Das Einsetzen der Füllung.

Die gebrannte Porzellanfüllung wird in derselben Weise wie die bekannten Glaseinlagen mit Zement festgekittet.

Vorher wird die Porzellaneinlage noch mit Riefen versehen, die mit Karborundscheiben eingeschnitten werden (Fig. 14). Das Halten der Füllung wird ferner durch die rauhe Beschaffenheit der Porzellanmasse gewährleistet. Auch in dem Defekte kann man zur Verankerung des Zements noch Unterschnitt anbringen.

Ist die Füllung anprobiert, so wird der Defekt mit dünn angerührtem Zementbrei gefüllt und in diesen die mit Klebewachs oder Guttapercha an ein flaches Instrument befestigte Porzellaneinlage gedrückt. Zur Fixation in der gewünschten

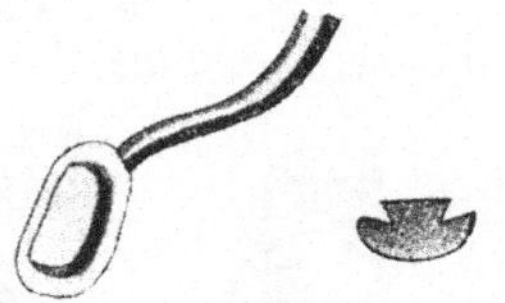

Fig. 14.

Stellung leistet ein Druck mit dem Fingernagel oft gute Dienste.

Die Porzellanfüllungen sind unter Ausschluß des Speichels, nach dem Anlegen der Gummiplatte zu machen. Die gelegte Füllung wird schließlich mit Paraffin überschmolzen, um die Erhärtung des Zementes ohne Speichelzutritt zu ermöglichen.

In ganz analoger Weise, wie der Defekt an der Lippenseite des Schneidezahnes, dessen Behandlung eben verfolgt

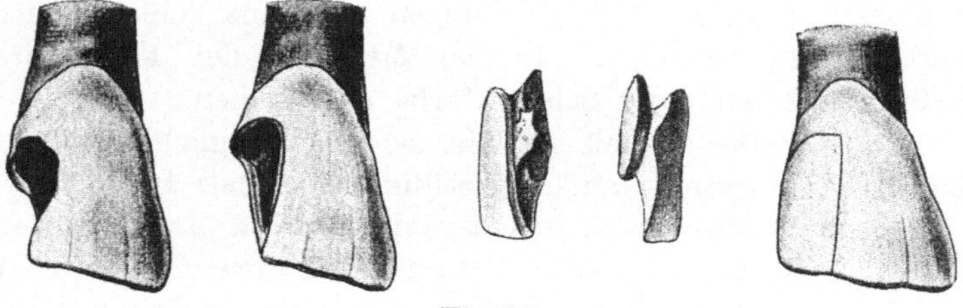

Fig. 15.

wurde, lassen sich alle anderen Defekte mit Porzellan füllen. In Fig. 15 ist die Behandlung eines Defektes dargestellt, der sich über die Ecke und die distale Seite eines Schneidezahnes erstreckt. Der defekte Zahn, die präparierte Höhle, die Porzellanform mit dem beim Abdrucknehmen mit benutzten Guttaperchapapierstückchen, die Unterschnitte in der von der Gaumenseite aus dargestellten Porzellaneinlage, sowie der Zahn mit der fertigen Füllung sind abgebildet. Auch ist deutlich ersichtlich, in welcher Weise Unterschnitte im defekten Zahne, die zur Verankerung der Porzellananfüllungen dienen, anzubringen sind.

In Fig. 16 ist die Behandlung eines seitlichen Schneidezahnes dargestellt.

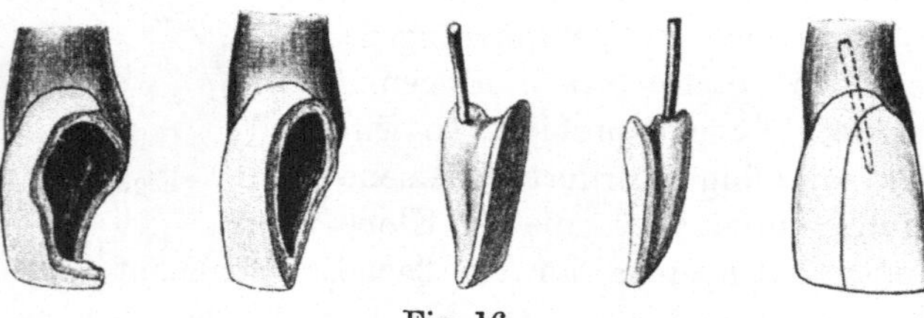

Fig. 16.

Der Zahn ist derartig tief kariös, daß seine Erhaltung durch eine Füllung aussichtslos erscheint. Ist doch die Herstellung einer Porzellanfüllung nach den bisherigen Methoden für diesen Fall zu schwer, ja wohl unmöglich, und Füllungen aus Zement oder Porzellanzement halten bei derartigen Konturen nicht. Man pflegt daher in solchen Fällen die Krone ganz abzutragen und einen Stiftzahn anzufertigen.

Aus Fig. 16 ist ersichtlich, in welcher Weise auch solche Defekte mit Porzellan gefüllt werden können.

Hierzu sei bemerkt, daß nach der Vorbereitung der Höhle der Abdruck zunächst ohne Stift, ganz wie gewöhnlich, genommen wird. Dann steckt man in die noch nicht ganz erhärtete Form ein Stück einer Insektennadel (Nr. 5—7), paßt die Form mit der eingesteckten Nadel nochmals ein und modelliert nach. Auf diese Weise erhält man schneller eine genaue Form, als wenn man erst die Nadel in die Pulpenhöhle steckt und dann modelliert. Verschiebt sich doch hierbei leicht die Nadel, sie kommt zu nahe an die Oberfläche der Porzellanform usw.

Die Nadel wird nicht mit gebrannt, da sie doch schmilzt und da die Metalloxyde das Porzellan verfärben. Man trockne deshalb die Porzellanform auf einem über die Sparflamme eines Bunsenbrenners gelegten Asbeststückchen und ziehe vor dem Brennen die Nadel aus der harten Form.

Nach dem Brennen wird die Nadel mit Zement oder mit Schellack in dem mitgebrannten Kanal festgekittet. Bei Benutzung von Schellack erhitze man zunächst nur die Nadel, fahre mit ihr über einige Schüppchen Schellack, die leicht schmelzen und dann tropfenförmig an der Nadel hängen bleiben. Alsdann halte man die Porzellanfüllung einige Minuten über eine kleine Flamme, bis die Füllung so heiß ist, daß der mit Schellack versehene Stift in die mitgebrannte Stiftöffnung rutscht. Jetzt schmilzt der Schellack und kittet so den Stift ganz fest in die Porzellanfüllung.

Zur Stiftbefestigung von Porzellanfüllungen genügen kleine und dünne Stifte, wie dies von Masur, Körbitz und anderen bereits angegeben wurde.

Die Unterschnitte werden, wie dies aus Fig. 16 aus der von der Rückseite aus dargestellten Füllung ersichtlich ist, von den oben angegebenen Gesichtspunkten aus angelegt.

In Fig. 17 ist die Behandlung eines Eckzahnes dargestellt, dessen Spitze durch Karies zerstört ist. Die Technik für die

Fig. 17.

Herstellung derartiger Füllungen ist aus der Abbildung ohne weiteres zu erkennen. Erwähnt sei nur, daß die imitierten Porzellanfüllungen an solchen exponierten Stellen nicht halten.

In Fig. 18 ist die Behandlung eines ersten Prämolaren dargestellt, der derartig tief kariös war, daß es nach den bisherigen Arbeitsmethoden angezeigt erschien, den an der Gaumenseite noch vorhandenen Zahnrest abzutragen, und die entstandene Lücke durch einen Stiftzahn zu ersetzen. Allein der Praktiker weiß, daß Stiftzähne in Prämolaren zu vielen Mißerfolgen führen, da die engen Prämolarenwurzeln zur Aufnahme des Wurzelstiftes ungeeignet sind. Eine Längsfraktur der Wurzel ist nicht selten. Andererseits gewährleistet ein dünner Stift,

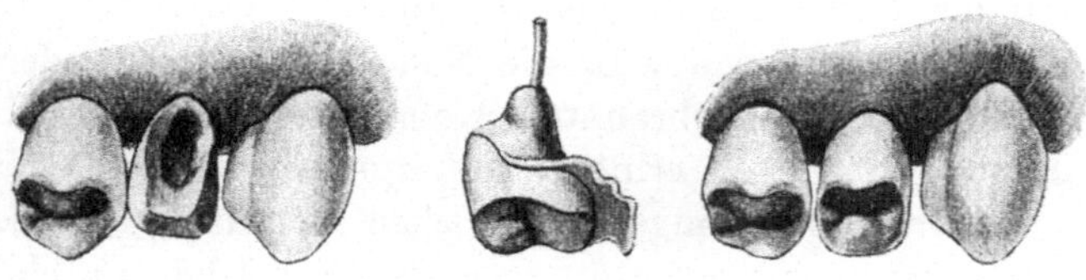

Fig. 18.

der sich, ohne den Wurzelkanal stark zu erweitern, in der Prämolarenwurzel befestigen ließe, der Krone des Stiftzahnes nicht genügend viel Halt. Fig. 18 veranschaulicht, in welch neuer Weise ich solche Fälle behandle: Es werden die kariösen Partien entfernt, während der gesunde und noch feste Prämolarenrest stehen bleibt und regelmäßig gestaltet wird. Dann wird der Zahn, ganz nach Art der Porzellananfüllungen abgeformt und modelliert, es wird ein Wurzelstift mit einprobiert und die gewonnene Form gebrannt. Die vorbereitete Höhle, die Form sowie der fertige Zahn sind dargestellt.

Fig. 19 stellt einen anderen Prämolaren dar, der an der mesialen Seite und gleichzeitig an der Kaufläche kariös geworden ist. Beide Höhlen wurden bei der Präparation zu einem Defekte vereinigt. Die Porzellanform gleicht deshalb

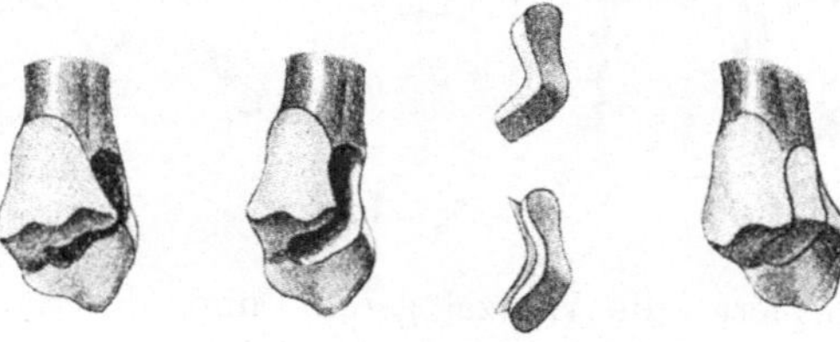

Fig. 19.

etwa einem rechtwinklig gebogenen Stäbchen. Auch die unterschnittene und die eingesetzte Füllung ist aus Fig. 19 ersichtlich. Man vergegenwärtige sich, mit welchen Schwierigkeiten die Abformung eines solchen Defektes mit Folie verbunden wäre.

Fig. 20 zeigt einen defekten Molaren. Nach der Entfernung des kariösen Gewebes und nach der Präparation der Ränder zeigte sich die Höhle derartig tief unterschnitten, daß eine Abformung nicht möglich gewesen wäre. Deshalb füllte ich die unterschnittenen Stellen mit Wachs aus (in der Fig. 20

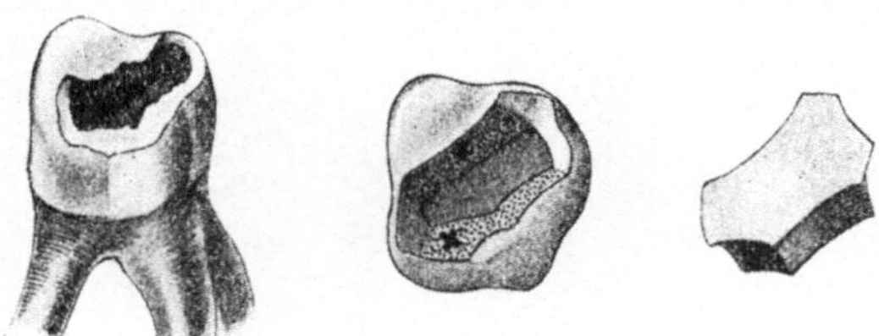

Fig. 20.

sind diese Stellen mit ✕ markiert). Erst dann wurde der Defekt abgeformt. Die Schmelzränder müssen natürlich von jeder Bedeckung mit Wachs frei bleiben. Vor dem Einsetzen der Porzellanfüllung wird das Wachs entfernt, so daß Zement an die Stelle des Wachses treten kann.

Die eben beschriebenen Fälle sind mitten aus der Praxis herausgegriffen, und so soll auch noch als Schluß ein Fall mitgeteilt· werden, den ich kürzlich behandelte und bei dem jedes .andere Füllungsmaterial versagt haben würde.

Ein Privatpatient verlor durch ein Trauma die halbe Schneidezahnkrone (Fig. 21). Die Pulpa war exponiert. Sie

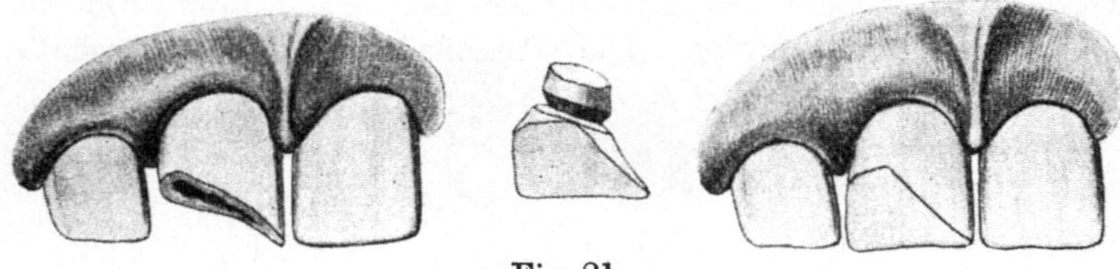

Fig. 21.

wurde exstirpiert, die Wurzel gefüllt und die Krone in der aus Fig. 21 ersichtlichen Weise wieder hergestellt.

Ich habe versucht, in den vorliegenden Ausführungen die ersten Anfänge eines Spezialgebietes unserer Wissenschaft aufzusuchen und in ihrer Entwicklung weiter zu verfolgen.

Bedeutet die vorliegende Studie eine Förderung unserer Wissenschaft, so würden dem Verfasser die Mühe und Arbeit eines Jahrzehntes reichlich belohnt sein.